U0784055

原力　i Force

十问

霍金
沉思录

[英] 史蒂芬·霍金 著

吴忠超 译

BRIEF
ANSWERS
TO THE
BIG
QUESTIONS

Stephen Hawking

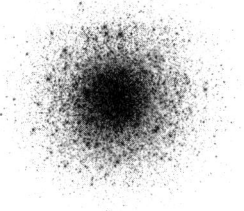

湖南科学技术出版社

First published in Great Britain in 2018 by John Murray (Publishers)
An Hachette UK company

1

Copyright © Spacetime Publications Limited 2018
Foreword © Eddie Redmayne 2018
Introduction © Kip S. Thorne 2018
Afterword © Lucy Hawking 2018
The right of Stephen Hawking to be identified as the
Author of the Work has been asserted in accordance with
the Copyright, Designs and Patents Act 1988.

A CIP catalogue record for this title is available
from the British Library
Hardback isbn 978-1-473-69598-6
Special edition isbn 978-1-529-34541-4
Ebook isbn 978-1-473-69600-6
Photograph of the adult Stephen Hawking © Andre Pattenden
Text design by Craig Burgess
Typeset in Sabon MT by Palimpsest Book Production Ltd,
Falkirk, Stirlingshire
Printed and bound by Clays Ltd, Elcograf S.p.A.
John Murray policy is to use papers that are natural, renewable and recyclable products and
made from wood grown in sustainable forests. The logging and manufacturing processes are
expected to conform to the environmental regulations of the country of origin.
John Murray (Publishers)
Carmelite House
50 Victoria Embankment
London ec4y 0dz
www.johnmurray.co.uk

史蒂芬·霍金著作

《时间简史》

《霍金讲演录》

《时间简史（插图版）》

《果壳中的宇宙》

《我的简史》

和列纳德·蒙洛迪诺合作

《时间简史（普及版）》

《大设计》

和露西·霍金合作

《乔治的宇宙：秘密钥匙》

《乔治的宇宙：寻宝记》

《乔治的宇宙：大爆炸》

《乔治的宇宙：不可破解的密码》

《乔治的宇宙：蓝月》

出版者说明

史蒂芬·霍金经常被科学家、科技企业家、高级商业人士、政治领袖和公众问及他对当前一些"大问题"的看法。史蒂芬以演讲、采访和散文的形式回答了这些问题，并保留了一份巨大的个人档案。

本书内容来自该个人档案，并在他去世前后基本成形。本书在他的学术同事、他的家人和史蒂芬·霍金遗产管理机构合作下完成。

本书的版税将按一定比例捐给慈善机构。

Contents 目录

Foreword:
Eddie Redmayne

前言：
埃迪·雷德梅恩

几年前，我在《万物理论》中扮演史蒂芬的角色，并花了几个月时间研究他的贡献和他的残疾，试图了解如何用我的身体来表达运动神经元疾病随着时间的演变。从我的研究中，我已经熟悉他坚定的眼神和不动的身体。但我第一次见到史蒂芬·霍金时，依然被他非凡的力量和极度的脆弱所震惊。

当我终于遇见我的偶像，非凡的天才科学家史蒂芬——他与人的主要沟通是通过电脑化的声音和一对异常富有表现力的眉毛——我还是完全不知所措。在沉默中，我感到紧张，之后又说得太多，而史蒂芬绝对理解沉默的力量，就像你被仔细审视时感觉到的那种力量。慌乱中，我选择和他谈谈我们的生日，它们只相隔几天，所以我们处于同一个星座。几分钟后，史蒂芬回答说："我是天文学家，不是占星家。"他还坚持让我称他为史蒂芬，不再称他为教授，我之前已被告知过……

刻画史蒂芬的机会非同寻常。我被这个角色所吸引是因为史蒂芬的双重性：他在科学研究的同时，还要顽强地与神经元疾病作斗争。他的人生是一个独特、复杂、丰富的故事，讲述了人的努力、家庭生活、巨大的学术成就以及对各种障碍的绝对蔑视。虽然我们想要描绘灵感，但我们也希望表现史蒂芬生命中的坚韧和勇气。

但表现史蒂芬作为纯粹的表演者的一面也同样重要。在片花中，我最终得到了三张我提到的图片。一张是伸舌头的爱因斯坦，因为那里有与霍金相似的俏皮机智。另一张是演木偶戏的小丑，因为我觉得他人总是逃不出史蒂芬的手掌心。而第三张是詹姆斯·迪恩。这就是我看到他所获得的印象——闪光和幽默。

扮演一个在世的人最大的压力在于，你必须向你所表现的那个人诠释你自己的表演。而扮演史蒂芬，我还需要向他的家人诠释，而他们在我为这部电影做准备时就对我很慷慨。在史蒂芬观看试映之前，他对我说，"我会告诉你我的想法。好，或者其他。"我回答说，如果是"其他"的话，也许他只需说"其他"，不要告诉我令我难堪的细节。史蒂芬慷慨地说他很喜欢这部电影。他被感动了。不过，众所周知，他还说他认为要是有更多的物理和更少的感受就好了。这没有什么可争议的。

自从拍《万物理论》以来，我一直与霍金家人保持联系。我被邀请在史蒂芬葬礼上朗读，为此我深为感动。这是一个令人难以置信的悲伤但辉煌的一天，充满了爱和快乐的回忆，还有对这位最勇敢的人的追思，他不仅在科学上，而且在努力使残疾人得到认可并获得茁壮成长的机会方面，他都引领世界。

我们失去了一个真正美丽的心灵，一个令人震撼的科学家和我有幸遇到的最有趣的人。但正如他的家人在史蒂芬过世时所说的，他的工作和遗产将继续延续下去。因此我悲伤地，但也非常高兴地向你介绍史蒂芬这部有关各种广泛迷人主题的集子。我希望你喜欢他所写的，引用巴拉克·奥巴马的话，我希望史蒂芬在灿烂的星空中玩得开心。

爱你的

埃迪

An Introduction :
Kip S. Thorne

导言：
基普·S. 索恩

1965年7月，在英格兰伦敦举行的广义相对论和引力会议上，我首次见到史蒂芬·霍金。当时他正在剑桥大学攻读博士学位，我刚刚在普林斯顿大学获得了博士学位。在会议大厅，有传言说史蒂芬构思了一个令人信服的论点，即我们的宇宙**必定**在有限的过去某个时刻诞生。宇宙绝不可能无限老。

所以，我和大约100个人一起，挤进一个原定容纳40人的房间，听史蒂芬演讲。他带着拐杖走路，话语有点模糊，但除此之外，只表现出运动神经元疾病的轻度症状，他两年前刚被确诊。他的头脑显然没有受到影响。他清晰的推理依赖于爱因斯坦的广义相对论方程，以及天文学家们观察到我们的宇宙正在膨胀，还有一些似乎很可能是真实的简单假设，它还利用了罗杰·彭罗斯最近设计的一些新的数学方法。史蒂芬以巧妙、强大和引人入胜的方式将所有这些结合起来，推断出他的结果：我们的宇宙必定在大约100亿年前的某种奇异状态下开始。（在随后的十年间，史蒂芬和罗杰，同心合力继续更加令人信服地证明这个奇异的时间开端，并且更加令人信服地证明，每个黑洞的核心都拥有一个奇点，时间在该处终结。）

史蒂芬1965年的演讲给我留下了深刻的印象。不仅仅是他的论证和结论，更重要的是他的洞察力和创造力。所以我找到他，花了一小时和他私下谈话。这是我们终身友谊的开始，这种友谊不仅基于共同的科学兴趣，而且基于非凡的相

导言：基普·S.索恩

互同情，一种作为人类相互理解的神奇能力。很快我们花更多时间谈论我们的生活、我们的爱甚至死亡，而不是科学，尽管科学仍然是将我们联系在一起的黏合剂。

1973年9月，我把史蒂芬和他的妻子简·王尔德带到了俄罗斯的莫斯科。尽管冷战激烈，自1968年以来，我每隔一年都在莫斯科度过一个月左右，与雅可夫·鲍里索维奇·泽尔多维奇领导的小组成员合作进行研究。

泽尔多维奇是一位出色的天体物理学家，也是苏联"氢弹之父"。由于他所知的核秘密，他被禁止前往西欧或美国。他渴望与史蒂芬讨论，但他又不能来剑桥，所以我们去他那里。

在莫斯科，泽尔多维奇和其他数百名科学家为史蒂芬的见解而惊叹折服，史蒂芬也从泽尔多维奇那里学到了一些东西。最令人难忘的是，在罗西亚酒店，史蒂芬和我在史蒂芬的房间里与泽尔多维奇和他的博士生阿列克谢·斯塔拉宾斯基一起度过了一个下午。泽尔多维奇以直观的方式解释了他们得到的一项非凡的发现，而斯塔拉宾斯基在数学上对其进行了解释。

我们已经知道使黑洞自旋需要能量。他们解释说，黑洞可以利用其自旋能产生粒子，粒子飞走，同时携带走自旋能量。这是令人惊讶的新发现，但并不是非常令人惊讶。当一个物体具有运动能量时，自然界通常会找到一种提取它的方法。我们已经知道了提取黑洞自旋能量的其他方式；这只是一种新的方式，虽然有些意想不到。

像这样对话的巨大价值在于它们可以触发新的思维方向，对史蒂芬正是如此。他花数月时间仔细研究了泽尔多维奇与斯塔拉宾斯基的发现，先从一个方向看，然后从另一个方向看，直到有一天它在史蒂芬思想中引发了一个真正激进的洞见：在一个黑洞停止旋转之后，这个黑洞仍然可以发出粒子。它能辐射——黑洞辐射，它是热的，就像太阳一样，虽然不是很热，只是略温而已。黑洞越重，温度越低。一个太阳质量的黑洞，其温度为 0.00000006 开尔文，比绝对零度高一亿分之六度。计算这个温度的公式现在刻在位于伦敦西敏寺的史蒂芬的墓碑上，他的骨灰葬于艾萨克·牛顿和查尔斯·达尔文两墓之间。

这个黑洞的霍金温度及其霍金辐射（它们随后被这么称呼）是真正激进的，也许是 20 世纪下半叶最激进的理论物理发现。它们打开了我们的眼界，看到广义相对论（黑洞）、热力学（热物理学）和量子物理学（在原先无粒子之处创生粒子）之间的深刻联系。例如，它们导致史蒂芬证明黑洞有熵，这意味着在黑洞内部或周围的某处有巨大的随机性。他推导出熵的数量（黑洞随机性量的对数）与黑洞表面积成正比。他的熵公式刻在剑桥的龚维尔和基斯学院的史蒂芬纪念碑上，他生前在此学院工作。

在过去的 45 年里，史蒂芬和其他数百名物理学家一直在努力去理解黑洞随机性的确切性质。正是这个问题不断产生量子理论与广义相对论结合（也就是还未理解清楚的量子引力定律）的新洞见。

1974年秋天，史蒂芬把他的博士生和他的家人（他的妻子简和他们的两个孩子罗伯特和露西）带到加利福尼亚州的帕萨迪纳，他们在这里住了一年。这样他和他的学生就可以在我工作的大学——加州理工学院，暂时与我自己的研究小组合并，并加入我们的学术生活。这是**辉煌**的一年，是所谓的"黑洞研究黄金时代"的顶峰。

在那一年里，史蒂芬和他的学生以及我的一些学生奋力更深刻地理解黑洞，我在某种程度上也如此。但史蒂芬对我们的联合小组进行黑洞研究的领导，让我有自由去追求我多年来一直在思考的新方向：引力波。

只有两种类型的波可以穿越宇宙，为我们提供有关遥远事物的信息：电磁波（包括光线、X射线、伽马射线、微波、射电波……）和引力波。

电磁波由以光速传播的振荡电力和磁力组成。它们撞击带电粒子，例如无线电或电视天线中的电子，它们来回摇动粒子，在粒子中卸下波携带的信息。然后该信息可被放大并馈送到扬声器或电视屏幕以供人们理解。

根据爱因斯坦的说法，引力波由振荡的空间弯曲组成：空间的振荡拉伸和挤压。1972年，麻省理工学院的莱纳·韦斯发明了一种引力波探测器。在探测器中几个镜子被悬挂在L形真空管道的转角和两条腿的末端，其中一对镜面沿着L的一条腿的方向被空间的拉伸推离，而另一对镜面沿着另一条腿的方向被空间的挤压拉近。莱纳建议使用激光束来测量这种拉伸和挤压的振荡模式。激光可以提取引力波信息，然后信号可以被放大并送入电脑以供人理解。

伽利略发起了用电磁望远镜（电磁天文学）对宇宙的研究，当时他建造了一个小型光学望远镜，指向木星并发现木星四个最大的卫星。从那时起的400年间，电磁天文学彻底变革了我们对宇宙的理解。

1972年，我和我的学生们开始思考可以利用引力波了解宇宙什么：我们开始发展引力波天文学的一个领域。因为引力波是空间弯曲的一种形式，能最强烈产生引力波的物体本身应该完全或部分由弯曲的时空引起——这尤其意味着应由黑洞引起。我们得出结论，引力波是探索和检验史蒂芬对黑洞洞见的理想工具。

在我们看来，引力波与电磁波完全不同，它们几乎可以保证为我们理解宇宙创造崭新变革，或许可以与伽利略之后的巨大电磁革命相提并论——**如果**这些难以捉摸的波能够检测和监测得到的话。但这是一个很大的**如果**：我们估计，沐浴地球的引力波是如此微弱，以至于莱纳·韦斯的L形装置末端的镜子将相对于彼此来回移动不超过1/100的质子直径（意味着原子大小的 1 / 10 000 000），即使镜子间隔几千米。测量这种微小运动是巨大的挑战。

由于史蒂芬和我的研究小组在加州理工学院合并，所以在那辉煌的一年里，我花了很多时间探索成功检测引力波的前景。在此之前，史蒂芬和他的学生盖瑞·吉本斯设计出他们自己的引力波探测器（他们从未建造过），因此他对我的研究很有助益。

史蒂芬回到剑桥后不久，在华盛顿特区莱纳的酒店房间，莱纳·韦斯和我进行了整夜激烈的讨论，我的探索得到关键的进展。我确信成功的前景非常好，我应该把自己的大部分职业生涯和未来的学生都用于这方面的研究，以帮助莱纳和其他实验者实现我们的引力波远景。而其余的，正如他们所说，已为历史所记载。

2015年9月14日，LIGO引力波探测器（由莱纳和我还有罗纳德·德雷弗共同建立的1 000人项目建造，由巴里·巴里什组织、组装和领导）记录了它们的第一次引力波。通过将波的模式与电脑模拟的预测进行比较，我们的团队得出结论，该引力波是由距离地球13亿光年的两个重的黑洞相撞而产生的。这是引力波天文学的开始。我们的团队获得的引力波成果相当于伽利略为电磁波所取得的成就。

我坚信，在接下来的几十年中，下一代引力波天文学家们将使用这些波，不仅测试史蒂芬的黑洞物理定律，而且还能检测和监测来自我们宇宙奇异诞生的引力波，从而测试史蒂芬和其他人关于我们的宇宙是如何诞生的思想。

在我们1974—1975这辉煌的一年中，当我在引力波上犹豫不决，史蒂芬领导我们合并的黑洞研究小组时，史蒂芬本人有一个比他的霍金辐射发现更为激进的洞见。他给出了一个令人信服的、**近乎**密不透风的证明，当黑洞形成然后通过发射辐射完全蒸发掉时，进入黑洞的信息无法再返出来。信息不可避免地丢失了。

这是激进的，因为量子物理定律明确地坚持信息永远不会完全丢失。因此，如果史蒂芬是对的，那么黑洞违反了最基本的量子力学定律。

怎么会这样？黑洞蒸发受量子力学和广义相对论的组合定律（尚不清楚的量子引力定律）的制约；因此，史蒂芬推论，相对论和量子物理学的激烈结合必然会导致信息毁灭。

绝大多数理论物理学家认为这个结论令人憎恶，他们极度怀疑。因此，44年来，他们一直在努力对抗这个所谓的信息丢失悖论。这是一场值得为之努力但痛苦的斗争，因为这个悖论是理解量子引力定律的有力钥匙。史蒂芬本人在2003年发现了一种信息可能在黑洞蒸发过程中逃脱的方式，但这并没有平息理论家的争论。史蒂芬没有**证明**信息逃脱，所以奋斗仍在继续。

在史蒂芬骨灰入葬西敏寺时，在我对他的悼词中，我用这些话来纪念这种奋斗："牛顿给了我们答案。霍金给了我们问题。而霍金的问题本身将继续在几十年间产生突破。当我们最终掌握量子引力定律并完全理解宇宙的诞生时，这可能主要归功于站在霍金的肩膀上。"

●

就像我们辉煌的1974 — 1975年只是我的引力波探索的开始一样，所以那也只是史蒂芬力图详细理解量子引力定律的开始，以及理解这些定律揭示黑洞信息和随机性的本质，还有我们宇宙的奇异诞生的本质，以及黑洞内奇点的本质，也就是时间的诞生和死亡的本质的开始。

这些都是大问题。非常大的问题。

我回避了大问题。我没有足够的技巧、智慧或自信来解决这些问题。相比之下，史蒂芬总是被大问题所吸引，无论它们是否深深植根于他的科学领域。他确实拥有必要的技能、智慧和自信。

这本书汇集了他对大问题的回答，也就是他在弥留之际仍在研究的问题的答案。

史蒂芬对六个问题的回答深深植根于他的科学领域（上帝存在吗？一切如何开始？我们能预测未来吗？黑洞中是什么？时间旅行可能吗？我们如何塑造未来？）。在这里，你将发现他深入讨论了我在本导言中简要描述的问题，以及更多更多的内容。

虽然他对其他四大问题的回答并没有牢固扎根在他的科学领域中（我们能在地球上存活吗？宇宙中存在其他智慧生命吗？我们应去太空殖民吗？人工智能会不会超过我们？），但是，他的回答仍然显示出一如既往的深刻智慧和创造力。

我希望你能像我一样，发现他的回答富有启发性和洞察力。希望你能欣赏！

基普·S. 索恩

2018年7月

Why we must ask
the big questions

我们为什么必须
问大问题

人们一直想要得到大问题的答案。我们来自哪里？宇宙如何开始？它背后一切的意义和设计是什么？外太空有人吗？现在看起来，过去对创生的记叙不太相关且不太可信。它们已经被各种只能被称为迷信的东西所取代，诸如从"新纪元运动"到《星际迷航》。但真正的科学可能比科幻小说更奇特，也更令人满意。

我是一名科学家，还是一名对物理学、宇宙学、宇宙和人类未来极为着迷的科学家。父母培养我坚定的好奇心，和我父亲一样，我研究并试图回答科学向我们提出的许多问题。在我的脑海里，我一生都在宇宙中旅行。通过理论物理，我试图回答一些大问题。我曾经一度以为，自己会看到我们所知的物理学的终结，不过现在我认为，在我离开很久很久后，奇妙的发现还会持续产生。我们接近其中一些问题的答案，但我们还没有到达那里。

问题是，大多数人都认为真正的科学对他们而言太复杂、太难理解，但我认为并非如此。研究制约宇宙的基本定律需要大量的时间，而大多数人承担不起；如果所有的人都从事理论物理，世界很快就会停滞不前。但如果将其基本思想以清晰的方式，并且不用方程来呈现，大多数人是可以理解并欣赏的。我相信这是可能的，这也是我喜欢并毕生努力去做的事。

这是一个进行理论物理研究的黄金时代，生逢其时，何其有幸。在过去的50年里，我们的宇宙图景发生了很大的变化。如果我对此做出了贡献，我会很高兴。太空时代的伟大启示之一是它赋予人类有关我们自身的视野。当我们从太空回望地球，我们将人类自身视为一个整体。我们看到了统一，而不是分裂。就是这样的简单图景，它传递着撼人的信息：一个星球，一个人类。

对我们全球社会面临的主要挑战，一些人要求即刻采取行动，我想发声附和他们。我希望这个事业继续前进，即使我不再在世上，有权力的人能表现出创造力、勇气和领导能力。让他们迎接可持续发展目标的挑战，并采取行动，不是出于自身利益，而是出于共同利益。我深知时间之珍贵。抓住时机，现在就采取行动。

●

我之前写过关于我生平的文章。尽管如此，由于想到了自己对这些重大问题沉迷终生，我的一些早期经历仍然值得重提。

我刚好出生于伽利略去世300年后，我想这个巧合对我的科学生涯颇有影响。但是，我估计那天大约另有20万个婴儿出生；我不知道他们当中是否还有其他人后来对天文学感兴趣。

我在伦敦海格特的一栋高大狭窄的维多利亚式房子里长大。第二次世界大战期间，所有人都认为伦敦将被夷为平地，当时，我的父母以非常便宜的价格购得这所房子。有一天，一枚V2火箭就落在离我们家只有几幢房子远的地方。当时我和母亲、妹妹都外出了，只有父亲在家，幸好他没有受伤。多年后，在我曾经和朋友霍华德一起玩的路上，还有一个大炸弹坑。我们同样用贯穿我一生的好奇心调查了爆炸的结果。

1950年，我父亲工作的地点搬到了伦敦北部边缘的米尔山新建的国立医学研究所，所以我们家搬到了附近的教堂城圣奥尔本斯。我被送到女子高中。虽然名为女校，但也接受十岁以下的男孩。后来我去了圣奥尔本斯学校。我在班上的成绩从未优于半数的同学。那是一个非常优秀的班级。但我的同学给了我"爱因斯坦"的绰号，他们大概看到了我的潜质。当我十二岁时，我的一个朋友和另一个朋友用一袋糖果打赌，说我永远不会有任何作为。

在圣奥尔本斯，我有六七个亲密的朋友，我记得大家长时间地讨论和辩论，话题从无线电控制模型直至宗教。我们讨论的一个重要问题是宇宙的起源，以及是否需要上帝创造并启动它。我听说来自遥远星系的光向光谱的红端移动，这表明宇宙正在膨胀。但我确信必定有其他一些引起红移的原因。也许光线在向我们飞来的路途中累了，变得更红？一个基本上不变的和永恒的宇宙似乎更自然得多。（仅仅几年之后，在我攻读博士大约两年之后，宇宙微波背景被发现，我意识到自己过去错了。）

我一直对事物的运行方式非常感兴趣，而且我常常把它们拆开，看看它们是如何工作的，但我不太擅长将它们重新组合起来。我的实践能力永远赶不上我的理论素质。我的父亲鼓励我对科学的兴趣，并且非常希望我能上牛津大学或剑桥大学。他本人上了牛津大学，所以他认为我也应该申请那里。当时，大学学院没有数学导师，所以我别无选择，只能尝试申请自然科学的奖学金。申请成功后连我自己都感到惊讶。

牛津当时的风气是非常厌恶用功。你应该毫不费力地表现出色，或者接受你的平庸而获得四等学位。我把这当作不用功的最好借口。我不为此感到骄傲，我只是陈述了我当时的态度，我的大多数同学都表示赞同。我生病的一个结果就是改变那一切。当你面临早逝的可能时，它会让你意识到，在你的生命结束之前，还有很多事情要做。

由于我不用功，我计划在期末考试时，避免花精力死记硬背，而是专注于理论物理问题。但考试的前一晚我没有睡觉，于是我考得不很好，成绩在第一等和第二等之间。我必须接受考官的面试才能确定我应该得到几等。在面试中他们问我未来的计划，我说我想要做研究。如果他们给我第一等，我会去剑桥，如果只得到第二等，我会留在牛津。他们给了我第一等。

在期末考试后的长假中，学院提供一些小额的旅行补助金。我以为去的地方越远获得的机会越大，所以我说我想去伊朗。1962年夏天，我出发了，乘火车到伊斯坦布尔，然后到土耳其东部的埃尔祖鲁姆，然后到大不里士、德黑兰、伊斯法罕、设拉子和古代波斯王国的首都波斯波利斯。在回家途中，我和我的旅伴理查德·秦恩，被困于布安扎赫拉地震。这是一次里氏7.1级的强烈地震，造成12 000多人的死亡。我肯定一直在震中附近，但我没有意识到地震，因为我病了，当时正在一辆颠簸的公共汽车上。

接下来，我们在大不里士度过了几天，我从严重的痢疾和肋骨骨折中恢复过来，后者是我被撞到汽车前面的座位上时受的伤。因为我们不会讲波斯语，仍然不知道那场灾难。直到到达伊斯坦布尔，我们才知道发生了什么。我给父母寄了一张明信片，他们已经焦急地等了十天，他们最后一次听到我的消息是在地震发生的当天，那时我正要离开德黑兰前往灾区。尽管发生了地震，但我对在伊朗的时光有很多美好的回忆。对世界的强烈好奇可能会让人受到伤害，但对我而言，这可能是我生命中唯一一次因好奇而受伤。

1962年10月，我20岁，我到了剑桥的应用数学和理论物理系。我申请与当时最知名的英国天文学家弗雷德·霍伊尔合作。我称他为天文学家，因为那时宇宙学很难被认为是一个正统的领域。然而，霍伊尔已有足够的学生，所以我被分配给丹尼斯·西阿玛，这令我非常失望，我没有听说过他。不过，幸好我没有成为霍伊尔的学生，否则我必须去捍卫他的

我们为什么必须问大问题

稳恒态理论，这个任务比脱欧谈判更难。我从阅读广义相对论的旧教科书开始做研究——一如既往，我被最大的问题吸引住。

正如你们可能从电影中看到的，埃迪·雷德梅恩扮演了一个特别英俊的我，在牛津大学的第三年，我注意到自己似乎越来越笨拙。我跌倒了一两次并无法知道为什么，我发现我再也不能够正常地划船，很明显身体出问题了，医生告诉我要戒掉啤酒，但我有些不满。

到剑桥的那年冬天非常寒冷。我回家过圣诞假期，妈妈说服我去奥尔本斯的湖上滑冰，尽管我知道身体很不适，不应该去，但还是去了。我跌倒了，再爬起来很困难。我的妈妈意识到出了什么问题，并带我去看医生。

我在伦敦圣巴塞洛缪医院住了几个星期，并进行了很多检查。在1962年，检查比现在更落后一些。医生从我的手臂上取下一块肌肉样品，把电极插进我的身体，把X射线不能透过的流体注入我的脊椎，他们在X射线上看液体随着病床的倾斜在脊柱里上下移动。他们实际上从未告诉我出了什么问题，但我猜想到情况一定很糟糕，所以我不想问。我从医生的谈话中琢磨出，无论这是什么病，只会变得更糟，而且他们除了给我维生素之外束手无策。事实上，给我做检查的医生放弃了对我的治疗，我再也没见到过他。

后来我还是知道了，我得了肌萎缩侧索硬化症（ALS），一种运动神经元疾病，其中大脑和脊髓的神经细胞萎缩，然后结疤或硬化。我还了解到患有这种疾病的人逐渐失去控制行动、说话、吃饭和最终呼吸的能力。

我的病情似乎发展很快。可以理解的是，我变得情绪低落，看不到继续研读博士学位的必要，因为我不知道自己能否活得足够长来完成学位。但随后病情进展缓慢下来，我对研究又重燃热情。在我的期望降低到零之后，新的每一天都成为奖赏，我开始珍惜所拥有的一切。只要有生命，希望就存在。

当然，还有一位名叫简·王尔德的年轻女子，我在聚会上认识她。她非常坚定地认为，我们可以共同对抗我的疾病。她的信心给了我希望。订婚让我精神振奋，我意识到，如果我们要结婚，我必须得到一份工作并完成我的博士学位。一如既往，那些重大问题正在推动着我。我开始努力研究，我很享受。

为了在学习期间获得资助，我申请了龚维尔和基斯学院的研究奖学金。令我大为惊讶的是，我中选并从那以后成了基斯的研究员。获得研究金是我生活的一个转折点。这意味着我可以继续我的研究，尽管我的残疾越来越严重。这也意味着我和简可以结婚，我们于1965年7月结婚。婚后大约两年，我们的第一个孩子罗伯特出生。又大约三年后，我们的第二个孩子露西出生。1979年我们的第三个孩子蒂莫西出生。

作为父亲，我总试图给孩子灌输提问题的重要性。我儿子蒂莫西曾在一次接受采访时讲过一个故事，我想他那时担心自己问的问题有点傻，他想要知道周围是否散落有许多小宇宙。我告诉他永远不要害怕想出一个主意或者一个假设，无论显得多么愚蠢（这是他的原话，不是我说的）。

●

在20世纪60年代早期，宇宙学中的大问题是"宇宙有一个开端吗？"许多科学家都本能地反对这个思想，因为他们觉得一个创生的点会是科学崩溃之处。人们必须诉诸宗教和上帝之手，以确定宇宙将如何开始。这显然是一个基本问题，而它正是我完成博士论文所需要的。

罗杰·彭罗斯证明过，一旦垂死的恒星收缩到一定的半径，就不可避免地会出现奇点，这就是空间和时间结束之处。当然，我们已经知道没有任何东西可以阻止一颗巨大的冷星在自身引力作用下坍缩，直至达到无限密度的奇点。我意识到类似的论点可以应用于宇宙的膨胀。在这种情况下，我可以证明时空有一个开始的奇点。

1970年，我的女儿露西出生几天后，我的尤里卡时刻出现了。那天晚上要睡觉时，由于残疾，我上床过程非常缓慢，我意识到我为奇点定理发展的因果结构理论可以应用到黑洞上。如果广义相对论是正确的，并且能量密度是正的，那么黑洞的边界——事件视界的面积具有这样的性质，当额外的物质或辐射落入黑洞时，它总是增加。此外，如果两个黑洞碰撞并合并形成单个黑洞，则围绕所产生的黑洞的事件视界的面积大于围绕原始黑洞的事件视界的面积之和。

那是一个黄金时代，我们甚至在得到黑洞存在的任何观察证据之前，就解决了黑洞理论中的大部分主要问题。事实上，我们对经典广义相对论的研究获得了如此成功，1973年我和乔治·埃利斯合作出版了《时空的大尺度结构》之后，甚至感到有些无所事事。我和彭罗斯的研究工作证明了广义相对论在奇点处崩溃，所以很明显下一步是将非常大的理论（广义相对论）和非常小的理论（量子论）结合起来。我特别想知道，可以存在一个这样的原子吗，它的核是在早期宇宙中形成的一个微小的太初黑洞？

为了回答这个问题，我研究了量子场或者粒子会如何被黑洞散射。我预料入射波的一部分将被吸收，而剩下的被散射。但令我大为惊讶的是，我发现似乎存在从黑洞本身来的发射。起初，我以为这一定是我计算中的一个错误，后来我觉得那是真实的，因为该发射正好是把视界面积和黑洞熵相等同所需要的。这个熵，即是该系统无序的一种度量。黑洞的熵被总结在这个简单的公式中：

$$S = \frac{Akc^3}{4G\hbar}$$

我们为什么必须问大问题

该公式按照视界面积表达熵，它包含自然的三个基本常数：光速 c、牛顿引力常数 G 以及普朗克常数 $\hbar$。从黑洞发出的这种热辐射现在被称为霍金辐射，我为发现了它而自豪。

我的研究揭示了一个深刻的、以前未曾预料到的引力与热力学之间的关系，并解决了一个悖论，该悖论曾被争论了30年也没有太大进展：在缩小的黑洞遗留下的辐射里怎么能携带形成它的东西的所有信息？我发现信息没有丢失，但它没有以有用的方式返回——就像燃烧百科全书后，只有烟雾和灰烬留下。

1974年，我当选为皇家学会会员。这次选举让我系的人感到惊讶，因为我年轻，只是一名初级研究助理。但在三年内，我被提升为教授。我对黑洞的研究给了我希望，我们将会发现万物的理论，而寻求该理论鞭策我继续前进。

同年，我的朋友基普·S.索恩邀请我和我的小家庭以及另外一位研究广义相对论的学者到加州理工学院。在过去的四年里，我一直在使用手动轮椅和蓝色电动三轮车，其速度和缓慢骑自行车相当，我有时用它非法携带乘客。当我们在加利福尼亚时，我们住在校园附近，那座房子为殖民时期风格，属于加州理工学院。在那里，我第一次能够享受全天候使用电动轮椅。它给了我很大的独立性，特别是在美国，建筑和人行道比在英国更方便残疾人。

1975年，我们从加州理工学院回来时，最初我情绪很低落。与在美国乐观敢闯的态度相比，在英国的一切似乎都狭隘受限。当时，随处都充斥着因荷兰榆树病致死的树木，全国还为罢工所困扰。然而，我的研究取得了成功，并于1979年当选为卢卡斯数学教授，这是艾萨克·牛顿爵士和保罗·狄拉克曾经任职过的位置。因此，我的情绪又高昂起来。

在20世纪70年代，我一直主要从事黑洞研究，但我对宇宙学的兴趣被重新唤起。其原因是，有人设想，早期宇宙经历过一个快速暴胀的时期。宇宙尺度在此期间以不断增加的速率增长，就像自英国脱欧投票以来价格增长的方式。我还花时间与吉姆·哈特尔合作，制定了一个我们称之为"无边界"的宇宙诞生理论。

20世纪80年代初期，我的健康状况继续恶化，我忍受着长时间的窒息，因为我的咽喉功能正在减弱，并且在我吃东西的时候食物会进入我的肺部。1985年，我在瑞士的欧洲核子研究中心（CERN）之行中得了肺炎。这是一个生死攸关的时刻。我被紧急送往卢塞恩州立医院并用上呼吸机。医生向简建议，病情已经发展到束手无策的阶段，他们要关掉我的呼吸机来结束我的生命。但简拒绝了，让我乘坐紧急救护飞机飞回剑桥的爱登布鲁克医院。

可以想象这是一个多么困难的时期，多亏爱登布鲁克的医生们努力让我恢复到访问瑞士之前的状态。然而，由于食

我们为什么必须问大问题

物和唾液仍能通过喉部进入我的肺部，他们不得不施行了气管切开术。正如大多数人都知道的，气管切开术会导致说话能力的丧失。人的声音非常重要，如果声音像我的那样含糊不清，人们就会认为你精神上有缺陷，并采取相应的方式对待你。在气管切开术之前，我的讲话非常模糊，只有熟识我的人才能理解我，其中包括我的孩子们。在气管切开术后的一段时间里，一个人拿着拼写卡，指出上面的字母，我通过抬起眉毛认可，通过这种方式来逐个确认字母拼出单词，那是我能沟通的唯一方法。

幸运的是，加利福尼亚的一位名叫瓦尔特·沃尔托兹的计算机专家听说了我的困难。他给我发来一个称为平衡器的电脑程序。这使我能从轮椅上的电脑屏幕的菜单中，通过按下手中的开关选择整个单词。从那时起，该系统已经得到发展。现在我使用英特尔开发的一个名为阿卡特的程序，我用眼镜里的一个小传感器，通过我的脸颊动作控制它。它有一部手机，让我访问互联网。我可以声称自己是与世界最有联系的人。然而，我保留了原先的语音合成器，原因是我没有听到比这更清晰的语音，而且我迄今仍然认同这种声音，尽管它带有美国口音。

1982年，大约是在我进行无边界研究的时候，我首次想到写一本关于宇宙的科普书。我以为，这可以提供适量的帮助支持我上学的孩子，并支付不断上涨的护理花费，但主要原因是我想解释我们对宇宙的理解已经到了何等程度：我们多么接近找到一个完整的理论，它将描述宇宙和其中的一切。作为一名科学家，不仅提问并找到答案非常重要，我认为还有义务与世界交流我们获取的新进展。

《时间简史》于1988年愚人节首次发表，真是恰逢其时。的确，这本书最初打算取名《从大爆炸到黑洞：时间短史》。书名被缩短并改为"简史"，其余的都已成为历史。

我从未想过《时间简史》能够如此成功。毫无疑问，尽管我有残疾，但我如何成为理论物理学家和畅销书作家，人们对这故事的好奇也对本书有助益。不是每个人都能读完它或理解他们阅读的所有内容，但他们至少努力思考过关于我们存在的一个大问题，并认为我们生活在一个由理性定律制约的宇宙中，通过科学，我们可以发现和理解这些定律。

对我的同事们来说，我只是一位物理学家，但对于公众，我可能是世界上最著名的科学家。部分原因是科学家除了爱因斯坦外，并不是广为人知的摇滚明星，另一部分原因是我符合残疾天才的刻板印象。我不能用假发和墨镜伪装自己——轮椅使我暴露无遗。众所周知且容易识别有其优点，也有其缺点，但优点远远超过缺点。人们似乎真的很高兴见到我。2012年，我在伦敦参加残奥会开幕式时，我甚至拥有了我有史以来最多的观众。

我在这个星球上过着一种非凡的生活，我利用奇思异想和物理定律穿越宇宙。我到过银河系最远处，旅行进入过黑洞，还返回过时间的起点。在这个地球上，我经历了高潮和低谷、动荡与安宁、成功和痛苦。我遭遇贫穷，享用富裕，曾经矫健，又身患残疾。我既受到赞扬，也受到批评，但从未被忽视过。通过我的研究，我非常荣幸地能够为人类对宇宙的理解做出贡献。但如果宇宙中不存在我所爱且爱我的人，那的确会是一个空虚的宇宙。没有他们，它的一切奇迹都对我毫无意义。

在所有这一切结束时，我们人类自身作为自然界的基本粒子的集合，已经能够理解制约我们和我们宇宙的规律，这是一个伟大的胜利。我想分享我对这些重大问题的激动以及我对此探索的热情。

有朝一日，我希望我们能够知道所有这些问题的答案。但还有其他挑战，必须回答地球上的其他重大问题，这些也需要新一代感兴趣和参与，而且他们还得对科学有所了解。我们将如何养活不断增长的人口？如何提供干净的水、产生可再生能源、防止并治愈疾病、减缓全球气候变化？我希望科学技术能够回答这些问题，但需要人，有知识和理解力的人，去实施这些解决方案。让我们为每个女人和男人奋斗，为了让他们都能过上健康、安全，并充满了机会和爱的生活。我们都是时间旅行者，让我们一起踏入未来。让我们共同努力，使这个未来成为我们想去访问的地方。

勇敢、好奇、坚定、战胜困难。我们一定能够做到。

当你还是个孩子时，你的梦想是什么，
它实现了吗？

"我想成为一名伟大的科学家。然而，当我
在学校时，我不是一个非常好的学生，并且难
得优于班级半数的同学。我的作业不整洁，我
的书写不太好。但我在学校有好朋友。我们谈
论所有的话题，特别是宇宙的起源。这就是我
的梦想开始的地方，我很幸运它已经成真。"

1   Is there a God？   上帝存在吗？

科学正在越来越多地回答曾经是宗教领域的问题。宗教是回答我们都问的问题的早期尝试：为什么我们在这里，我们来自何方？很久以前，答案几乎总是千篇一律：众神创造万物。世界是一个可怕的地方，所以即使像维京人一样强硬的人也相信超自然的存在，由此来理解诸如闪电、风暴、日食、月食等自然现象。如今，科学提供了更好、更一致的答案，但人们总是依附宗教，因为它给予了安慰，而他们不信任或不理解科学。

几年前，《泰晤士报》在头版刊登了一篇文章，标题是："霍金说：上帝并未创造宇宙。"文章附有插图。上帝的形象取自米开朗琪罗的一幅画，显得拥有雷霆万钧的威力。他们印了一张我显得颇为自得的照片。他们让我们看起来像是在进行一场决斗。但我对上帝不抱怨恨。我不想给人留下这样的印象，似乎我的研究是关于证明或反驳上帝的存在。我的研究是要找到理解围绕我们四周的宇宙的合理框架。

几个世纪以来，人们认为像我一样的残疾人是生活在上帝的诅咒之下的。好吧，我想我可能使那里的某位感到不高兴，但我更愿意认为，一切都可以由自然定律给予另一种解释。如果你像我一样相信科学，你就会相信存在永远得遵守的一些定律。如果你愿意，你可以说这些定律是上帝的杰作，但那更是对上帝的定义，而非对其存在的证明。大约公元前300年，一位名叫阿利斯塔克的哲学家被日食、月食迷住了，特别是月食。他很勇敢地质疑它们是否真的是由神造成的。阿利斯塔克是一个真正的科学先驱。他小心翼翼地研究了天穹并获得一个大胆的结论：他意识到月食其实是地球的阴影越过月球，而不是一个神圣的事件。这一发现使他心灵解放，他能够弄清他的上空真正发生的事情，并绘制显示太阳、地球和月球的真实关系的图。从那里他得出了更为非凡的结论。他推断出地球不像众人以为的那样是宇宙的中心，而是围绕着太阳运行的。事实上，理解这种安排就解释了所有的日食和月食。当月球在地球上投下阴影时，就会发生日食。当地球遮挡月球时，就会发生月食。但是阿利斯塔克又更进了一步。不像他同时代的人以为的那样，他认为星星并非天穹上的缝隙漏下的一缕光，那些星星是其他的太阳，就像我们的太阳一样，只不过离得非常远。这是多么令人惊叹的发现啊！宇宙是一个受原理或定律制约的机器。这些定律是人类头脑可以理解的。

我相信这些定律的发现是人类最大的成就，因为正是我们现在所称的这些自然定律将告诉我们究竟是否需要一位神来解释宇宙。自然定律描述了事物在过去、现在和未来的实际运行方式。在网球比赛中，球总是准确到达自然定律预告的位置。此外还有许多其他定律也在起作用。它们控制着正在发生的一切，从在运动员肌肉中如何产生射击的能量，到他们脚下的草的生长速度。但真正重要的是，这些物理定律以及定律之不可变是普适的。它们不仅适用于一个球的飞行，还适合于一个行星，以及宇宙中的其他一切的运动。与人类制定的法律不同，自然定律不能被打破。那就是为什么它们如此强大，而从宗教角度看时，也是有争议的。

如果你像我一样接受自然定律是固定的，那么很快就会接着问：上帝有什么作用？这是科学和宗教之间矛盾的重要部分，虽然我的观点作为头条新闻亮出，但这实际上是一场古老的冲突。人们可以将上帝定义为自然定律的化身。然而，这并不是大多数人心目中的上帝。他们的意思是，上帝要像人一样地存在，与之可有个人关系。当你仰望无比浩瀚的天穹，栖居宇宙中的人生是如此微不足道和偶然啊，这似乎极其难以置信。

我在非个人意义上使用"上帝"这个词，正如爱因斯坦那样，以之表述自然定律，所以知道了上帝的心灵正是了解了自然定律。我的预测是，到21世纪末，我们将会知道上帝的心灵。

现在剩下的一个领域，宗教可以有发言权的是宇宙的起源，但即使在这里，科学也正在取得进展，应该很快就能提供关于宇宙如何开始的确切答案。我出版了一本书，询问上帝是否创造了宇宙，引起了一些轰动。对科学家在宗教问题上居然说三道四，人们感到不快。我不想告诉任何人该相信什么，但对我而言，问上帝是否存在是一个有效的科学问题。毕竟，很难想象一个比什么或谁创生了并控制宇宙更重要或更基本的奥秘。

根据科学定律，我认为宇宙是自发地从无创生出来的。科学的基本假设是科学决定论。在给定某一时刻的宇宙的状态后，科学定律就确定宇宙的演化。这些定律可由也可不由上帝颁布，但他不能干涉使之违反定律，否则它们就不算是定律。这就留给上帝选择宇宙的初始状态的自由，但即使在这里似乎也可能存在定律。所以上帝也许根本就没有自由。

不管宇宙的复杂性和多样性，制造一个宇宙其实只需要三种成分。试想象我们可以在某种宇宙食谱中列出它们。那么我们烹饪宇宙所需的三种成分是什么？首先是物质——有质量的东西。物质就在我们身边，脚下的地中和太空外面。灰尘、岩石、冰、液体。巨大的气体云、恒星的巨大螺旋，每个都包含数十亿个太阳，向外延伸到令人难以置信的距离。

你需要的第二种成分是能量。即使你从未思考过它，我们都知道能量是什么。那是我们每天都遇到的东西。仰望太阳你可以在脸上感受到它：那是9 300万英里（1英里＝1.609千米）外的一个恒星产生的能量。能量渗透宇宙，它驱动使宇宙永远充满活力，并不断变化的过程。

这样我们有了物质，我们有了能量。为了建立宇宙，我们需要的第三种成分是空间。很多空间。你可以说宇宙有很多品质——可怕、美丽、暴烈。但有一个品质和它毫不相干，那就是狭窄。无论我们朝哪里看，我们都看到空间，更多空间，更多更多的空间。空间向所有方向伸展。它足以使你头晕。那么所有的这一切，物质、能量和空间又是从何而来呢？直到20世纪我们才明白。

答案来自一个人的洞察力。此人可能是有史以来最杰出的科学家。他的名字叫阿尔伯特·爱因斯坦。遗憾的是，我从未见到他，因为他去世时我才13岁。爱因斯坦意识到某种极其非凡的东西：制造宇宙所需的两种主要成分，质量和能量，基本上是一个东西，如果你愿意的话，可以说两者是同一枚硬币的两面。他著名的等式 $E=mc^2$ 只是意味着质量可以被认为是一种能量，反之亦然。所以我们现在可以说，宇宙并没有三种成分，它仅有两种成分：能量和空间。那么，所有这些能量和空间又是从何而来的呢？科学家经过数十年的研究后找到了答案：空间和能量是在我们现在称为大爆炸的事件中自发产生的。

在大爆炸的那一刻，整个宇宙出现，伴随着空间。这一切都胀大，就像气球被吹大一样。那么所有这些能量和空间从何而来？这充满能量的整个宇宙，这极端广袤的空间及其包容的万物，如何无中生有？

对于一些人来说，这是上帝重新进入角色之处。正是上帝创造了能量和空间。大爆炸是创生的时刻。但科学讲的是另一个故事。冒着陷入麻烦的风险，我想我们更能理解恐吓维京人的自然现象。我们甚至可以超越爱因斯坦所发现的能量和物质的美丽对称。我们可以利用自然定律来解决宇宙的起源本身，并发现是否上帝的存在是唯一的解释。

我于第二次世界大战后在英国长大，那是一个节衣缩食的时期。我们被告知你永远不会无代价地得到任何东西。但现在，经过一生的研究，我认为实际上可以免费获得整个宇宙。

宇宙大爆炸核心的巨大神秘之处在于，解释不可思议的巨大的、拥有空间和能量的整个宇宙如何能无中生有。其秘密在于我们的宇宙最奇怪的一个事实。物理定律要求存在某种叫作"负能量"的东西。

为了帮助你理解这个奇怪的但很关键的概念，让我借鉴一个简单的比喻。想象一下，一个人想在平地上建造一座小山。那座山将代表宇宙。为了造这座小山，他在地上挖了一个洞并用土来堆他的山。当然他不只是在建一座小山，他还挖了一个洞，实际上是山的一个负版本。那个洞里面的东西现在已经变成山丘，所以这一切都完美地平衡。这就是宇宙开端背后的原理。

大爆炸产生了大量的正能量，它同时也产生同样多的负能量。通过这种方式，正的和负的加起来总是为零。这是自然的另一个定律。

那么今天这些负能量在哪里呢？它在我们宇宙食谱中的

第三种成分中：它在空间中。这可能听起来很奇怪，但根据引力和运动的自然定律——科学中最古老的那些定律——空间本身就是一个巨大的负能量仓库，足以确保一切加起来为零。

我得承认，除非你喜爱数学，这些很难掌握，但这是真的。数十亿个星系的无尽网络，每个星系都由引力相互拉扯，就像一个巨大的存储设备一样运行。宇宙就像一个储存负能量的巨大电池。事物的正面——我们今天看到的质量和能量——就像那座小山，相应的洞或事物的负面遍布整个太空。

那么在我们寻找是否存在上帝的过程中，这意味着什么呢？这意味着，如果宇宙叠加起来是无，那么你就不需要上帝来创造它。宇宙是彻彻底底的"免费午餐"。

既然我们知道正的和负的加起来都是零，那么我们现在需要做的就是弄清楚——或者我敢说——是谁首先触发了整个过程。是什么能够导致宇宙的自发出现？起初，这似乎是一个令人困惑的问题。毕竟，在我们的日常生活中，东西不会凭空出现。你想喝咖啡时，你做不到只用手指点击就可召唤来一杯咖啡。你必须用咖啡豆、水，也许还有一些牛奶和糖来制作它。但是进入这个咖啡杯，通过牛奶颗粒，一直到原子水平，一直到亚原子水平，你进入了一个世界，在这个世界里，可以变戏法般地从无创生出某种东西。至少在短时间里可能这样。那是因为，在这个尺度上，粒子譬如质子的行为符合量子力学的自然定律。他们真的可以随机出现，持续一段时间，然后再次消失，重新出现在别的地方。

因为我们知道宇宙本身一度非常小 —— 也许比质子还小。这意味着某种非常了不起的东西。它意味着宇宙本身，尽管令人难以置信地广阔而复杂，在不违反已知的自然定律的情况下，可以就这样突然出现。从那一刻开始，随着空间本身的膨胀，数量巨大的能量被释放出来，而空间正是一个存放平衡账簿所需的全部负能量的地方。当然再次引出一个关键问题：上帝创造了允许发生大爆炸的量子定律吗？简而言之，我们需要一位上帝预先设置以使大爆炸可以爆炸吗？我不想冒犯任何有信仰的人，但我认为科学有比神圣的造物主更令人信服的解释。

我们的日常经验让我们认为，发生的一切必须由某些发生在较早时期的事情引起，所以我们会自然认为一定是某种事物 —— 也许是上帝 —— 导致了宇宙的产生。但是，当我们将宇宙作为一个整体来谈论时，就未必如此了。让我来解释一下。想象一条河沿着山边流下。那么是什么造成了河流？嗯，也许是早先在山上降下的雨。但是，那又是什么导致降雨？一个很好的答案就是太阳，它照在海洋上，将水蒸气升空，形成云层。那么是什么导致了太阳照耀？嗯，如果我们看到太阳的内部，我们就会看到称为聚变的过程，其中氢原子连接形成氦，在此过程中释放出大量的能量。到现在为止一切都挺好。但是氢从哪里来？答：大爆炸。但这里至关重要。自然本身的定律告诉我们，宇宙不仅像质子，不需任何辅助就突然涌现，宇宙还不需要任何能量，而且大爆炸由无产生是可能的，就是无。

对此进行解释的依据是回到爱因斯坦的理论，以及他对宇宙中的空间和时间如何在根本上交织在一起的见解。大爆炸瞬间发生了一件对时间非常关键的事情，时间本身开始了。

要理解这个令人费解的思想，可以考虑在太空飘浮的黑洞。一个典型的黑洞是一颗质量大到向自身坍缩了的恒星。它的质量如此大，即使光也不能逃脱它的引力，这就是为什么它几乎完全是黑的。它的引力如此强大，它不仅会弯曲光线，还会扭曲时间。要想知道这是如何进行的，想象一台时钟正被吸入进去。随着时钟越来越接近黑洞，它开始变得越来越慢。时间本身开始减速。现在想象一台进入黑洞的时钟——嗯，当然假设它可以承受极端的引力——它实际上停止了。它之所以停止，不是因为它被毁坏了，而是因为在黑洞内部时间本身并不存在。而这正是宇宙开始时发生的事情。

在过去的一百年里，在对宇宙的理解方面，我们取得了惊人的进步。现在我们知道制约所有事物的定律，除了最极端条件之外，例如宇宙的起源或黑洞。我相信，时间在宇宙开始时所扮演的角色是消除对大设计师的需求，以及揭示宇宙如何创生自己的最终关键。

当我们在时间中回到宇宙大爆炸的那一刻，宇宙变得越来越小，直到它最终达到这样的程度，即整个宇宙是一个如此小的空间，它实际上是一个无限小的、无穷密集的黑洞。就像在太空中飘浮的现代黑洞一样，自然规律确定了一些非常特别的东西。它们告诉我们，在这里时间本身也必然停止。因为在大爆炸之前没有时间，所以你不可能到达大爆炸之前的时刻。我们终于找到了一个没有原因的东西，因为没有时间让一个原因存在其中。对我而言，这意味着没有造物主的可能性，因为没有时间让造物主存在其中。

人们想要得到大问题，比如为什么我们在这儿的答案。他们估计答案不会简单，所以他们准备好要努力理解。当人们问是否是一位上帝创造了宇宙，我告诉他们那个问题本身毫无意义。大爆炸之前不存在时间，所以没有时间让上帝在其中创造宇宙。它就像询问到地球边缘的方向一样——地球表面是一个没有边缘的球面，所以寻找其边缘是徒劳的。

我有信仰吗？我们每个人都可以自由地相信我们想要相信的，而我认为最简单的解释是不存在上帝。没有谁创造宇宙，也没有谁指引我们的命运。这让我彻底醒悟：可能没有天堂也没有来世。我认为相信来世只是痴心妄想。它没有可靠的证据，它和我们在科学中所知道的一切相悖。我认为当我们死的时候，我们会回到尘埃。不过在某种意义上我们还继续活着，在我们的影响中，在我们传给了孩子的基因中。我们拥有这一生，得以欣赏宇宙的宏伟设计，为此我极度感恩。

上帝的存在和你对宇宙开端和终结的理解如何相协调？如果上帝存在并且你有机会见到他，你会问他什么？

"问题该是，'宇宙开始的方式是由上帝出于我们不理解的原因选择的，还是由科学定律决定的？'我相信第二个。如果你愿意，你可以将科学定律称为'上帝'，但它不会是你会遇到的并向他提问题的人格化的上帝。不过，如果存在这样的一位上帝，我想问他对任何像在11维中的M理论那样复杂的东西如何作想。"

2   How did it all begin？   一切如何
开始？

哈姆雷特说:"我有可能被束缚在果壳之中,但把我自己视为无限空间之王。"我认为他的意思是说,虽然我们人类在身体上非常受限,特别是我这样的情况,但我们的思想可以自由探索整个宇宙,并勇敢地去甚至连《星际迷航》都不敢造访之处。宇宙真的是无限的,还是仅仅非常大?它有一个开端吗?它会持续无限的时间,还是很长一段时间?我们有限的思想何以理解无限的宇宙?哪怕我们仅仅试图理解,这难道不是自命不凡吗?

普罗米修斯从古代神祇那里偷来了给人类使用的火,遭到了宙斯的惩罚——我宁愿冒险重蹈他的覆辙,也要说,我相信人类可以也应当去理解宇宙。普罗米修斯遭到的惩罚是被永久地拴在岩石上,但最终他被赫拉克勒斯快乐地解放了。我们在理解宇宙方面进展显著。我们还没有一个完整的图景。我愿意相信,我们可能离它已经不远了。

据中非的波桑戈人说,在太初只有黑暗、水和伟大的本巴神。有一天,本巴胃痛不堪,呕吐出太阳。太阳晒干了一些水,留下土地。本巴仍陷在痛苦中,他呕吐月亮、星星,然后是一些动物——豹子、鳄鱼、乌龟,最后是男人。

像许多其他民族一样,这些创世神话试图回答我们都要问的问题。我们为什么在这里?我们来自何处?通常给出的答案是,人类起源是比较近世的事,因为人类还一直在改善其知识和技术,这应是显而易见的。所以它不可能已经存在了很长时间，否则它本应取得更大的进展。例如，根据厄谢尔主教的说法，《创世记》把时间的开端设在公元前4004年10月22日的下午6点。另一方面，物质环境，诸如山岳河流，在人的一生中变化甚小。因此它们被认为是一个不变的背景，要么作为一个空洞的景观亘古存在，要么与人类同时被创造出来。

然而，并不是每个人都对宇宙有一个开端这个思想感到满意。例如，亚里士多德，这位最著名的希腊哲学家，相信宇宙永远存在。永恒的东西比创生的东西更完美。他认为，我们能看到文明进展的原因是洪水或其他自然灾害一再使文明返回开始。人们愿意相信宇宙是永恒的，这是因为人们渴望不必援引神力来创造宇宙并使之运行。相反，那些相信宇宙有一个开端的人用它来证明上帝作为宇宙的第一个原因或第一推动者的存在。

如果有人相信宇宙有一个开端，那么显而易见的问题是，"在开端之前发生了什么？在创造世界之前，上帝在做什么？他是否为提出这些问题的人准备地狱？"宇宙是否有一个开端的问题是德国哲学家伊曼纽尔·康德极为关注的问题。无论有无开端，他觉得都存在逻辑上的矛盾或二律背反。如果宇宙有一个开端，那为什么它在开端之前需等待无限的时间？他称之为正题。另一方面，如果宇宙已经存在了无限久，那为什么到达现阶段需要无限的时间？他称之为反题。正题和反题都依赖于康德的假设，也是几乎所有其他人都认为的，时间是绝对的。也就是说，它从无限的过去走向无限的未来，独立于任何可能或不可能存在的宇宙。

这仍然是当今许多科学家心目中的图景。然而，1915年，爱因斯坦引入了他革命性的广义相对论。其中，空间和时间不再是绝对的，不再是事件的固定的背景。相反，它们是动力学的，是由宇宙中物质和能量塑造的量。它们只在宇宙中才被定义，所以谈论宇宙开端之前的时间是没有意义的。这就像询问南极以南的一点，它是没有定义的。

虽然爱因斯坦的理论统一了时间和空间，但它没有告诉我们太多关于空间本身的信息。有关空间的一些东西似乎是显而易见的，即它一直在不停地延伸出去。我们预料宇宙不会在一堵砖墙处结束，虽然没有逻辑的理由说它为什么不能。不过现代仪器如哈勃太空望远镜让我们深入探究太空。我们看到的是数万亿个各种形状和尺度的星系。存在巨大的椭圆星系和像我们银河系一样的螺旋星系。每个星系都包含数千亿颗恒星，其中许多会有行星围绕。我们自己的星系在某些方向阻挡了我们的视线，但除此之外，星系在整个太空大致分布均匀，有些局部浓密，还有一些空洞。星系的密度似乎在很远的距离下降，但那似乎是因为它们离我们过远，过于黯淡，我们看不见。我们可以说的是，宇宙永远在太空中延伸出去，无论它延伸多远，都是几乎一样的。

尽管宇宙中处处似乎都一样，但它在时间上肯定在改变。

这一点直到20世纪初才被人们意识到。此前，人们认为宇宙在时间上是基本不变的。它可能已经存在了无限的时间，但这似乎导致荒谬的结论。如果恒星在无限时间内辐射，它们应使宇宙加热至恒星自己的温度。那么即使在夜晚，整个天空都会像太阳一样明亮，因为每一道视线都会终止于一颗恒星或一团尘埃。这些尘埃应已被加热到像恒星一样热。所以我们所有人观察到的现象，即夜晚的天空是黑暗的，是非常重要的。这意味着，宇宙不可能以我们今天看到的状态存在了无限久。过去肯定发生过一些事件，让恒星在有限的时间前点亮，那么来自遥远恒星的光线还来不及到达我们。这可以解释为什么夜空不是所有方向都发光。

如果恒星以前永远就在那里，那它们为什么在几十亿年前突然亮起来？什么东西充当时钟告诉它们闪耀的时刻到了？这使那些相信宇宙永远存在的哲学家们深感困惑，如伊曼纽尔·康德。但对于大多数人而言，这和宇宙就以现在差不多的样子，仅在几千年前被创造出来的思想相一致，正如厄谢尔主教所得的结论。然而，随着20世纪20年代我们在威尔逊山上用百英寸的望远镜观测宇宙，不同的思想出现了。首先，埃德温·哈勃发现了许多被称为星云的微弱的光斑。它们实际上是其他星系，那是庞大的恒星集合。这些恒星就像我们的太阳一样，但距离很远。它们之所以显得如此微小而黯淡，距离必定大到来自它们的光要花数百万年甚至数十亿年才能到达我们。这表明了宇宙的开端绝不会在区区几千年前。

但哈勃发现的第二件事更加惊人。通过分析来自其他星系的光，哈勃能够衡量它们是否正在趋近或离开我们。令他惊讶的是，他发现它们几乎都在离开。此外，它们离我们越远，就离开得越快。换句话说，宇宙正在膨胀，星系正相互离开。

宇宙膨胀的发现是20世纪伟大的智力革命之一。这个发现完全出乎意料，它彻底改变了关于宇宙起源的讨论。如果这些星系正在分离，那么它们在过去必定相互靠得更近。从目前的膨胀速度来看，我们可以估计，大约在100亿年到150亿年前，它们确实一度非常接近。因此，似乎宇宙那时就开始了，此刻万物都处在空间中的同一点。

但是许多科学家对宇宙有一个开端不满，因为它似乎意味着物理学崩溃了。人们将不得不求助于一个外部机制，为方便起见，可以称之为上帝，来决定宇宙如何开始。因此，他们推出了宇宙当前正在膨胀，但没有开端的理论。其中之一是由赫曼·邦迪、托马斯·戈尔德和弗雷德·霍伊尔于1948年提出的稳恒态理论。

稳恒态理论的思想是，随着星系分离，新星系将由设想的在整个太空中不断产生的物质形成。宇宙已经存在了无限久，并且在任何时候都显得是一样的。最后一个属性具有明确预言的突出优点，它可以通过观察被检验。20世纪60年代早期，剑桥射电天文学组在马丁·赖尔的领导下，对微弱的射电波源进行了一次调查。这些源相当均匀地分布在天空，表明大部分源都位于我们的银河系的外面。平均来说，越弱的源离我们越远。

稳恒态理论预测了源的数量和它们的强度之间的一种关系。但观察显示存在比预测更多的微弱的源，这表明源的密度在过去较高。这与稳恒态理论的基本假设相冲突，该假设说，所有一切都不随时间而改变。出于这个以及其他原因，稳恒态理论被抛弃了。

避免宇宙具有开端的另一种尝试认为，早先存在过一个收缩的相，不过因为旋转和局部无规性，物质不会全部都落到同一点上。相反，物质的不同部分会彼此错过，宇宙将再次膨胀，而密度始终保持有限。两个俄罗斯人，叶夫根尼·栗弗席兹和伊萨克·哈拉特尼科夫声称，他们已经证明了不具准确对称性的一般收缩总会导致反弹，而密度保持有限。这个结果对于辩证唯物论非常方便，因为它避免了关于宇宙创生的尴尬问题。因此，对于苏联科学家，它成了一篇信仰的文章。

大约就在栗弗席兹和哈拉特尼科夫发表他们的结论，即宇宙没有开端的时候，我开始进行宇宙学研究。我意识到这是一个非常重要的问题，但我并不相信栗弗席兹和哈拉特尼科夫使用的论证。

我们习惯于这样的思想，事件由较早期事件引起，而较早期事件又由更早期事件引起。存在一系列的因果关系，可以一直追溯到过去。但假设这个链有一个开头，即假设存在第一个事件，那它是由什么引起的？这不是许多科学家想要解决的问题。他们要么像俄罗斯人和稳恒态理论家那样，声称宇宙没有开端，要么认为宇宙的起源不属于科学领域而属于形而上学或宗教，由此试图避免它。在我看来，这不是任何真正的科学家应该采取的立场。如果科学定律在宇宙开始时暂时失效，那么它们不也可能在其他时候失效吗？如果定律只是有时有效，则定律不成其为定律。我相信我们应该在科学的基础上尝试理解宇宙的起源。这可能是超出我们能力的任务，但至少我们应该进行尝试。

罗杰·彭罗斯和我设法证明了几何定理，表明如果爱因斯坦的广义相对论是正确的，并且某些合理的条件得到满足，那么宇宙就必定有过一个开端。人们很难辩赢数学定理，所以栗弗席兹和哈拉特尼科夫最终承认宇宙应该有一个开端。虽然宇宙有开端的思想可能不怎么受苏联人欢迎，不过他们绝不允许意识形态阻碍物理学中的科学。由于核弹需要物理学，而它是否成功很重要。然而，苏联的意识形态否认遗传学的真理，确实阻碍了生物学的进步。

虽然罗杰·彭罗斯和我证明的定理表明宇宙必定有过一个开端，但它们没有提供有关那个开端性质的多少信息。它们指出宇宙开始于一次大爆炸，这时整个宇宙和其中万物都被皱缩成无限密度的单一的点，一个时空奇点。爱因斯坦的广义相对论在这一点崩溃了。因此，它不能用来预测宇宙以何种方式开始。遗留下的宇宙起源的问题显然超出了科学范围。

1965年10月，在我得到第一个奇点结果的几个月后，人们获得了宇宙有一个非常致密的开端的观察证据，那是在整个太空发现了微弱的微波背景。这些微波与你的微波炉中的相同，但功率却低得多。它们只会把你的比萨加热到零下270.4摄氏度，对于解冻比萨没什么用，更不用说烹饪了。你实际上可以亲自观察到这些微波。那些记得模拟信号电视的人几乎肯定看过这些微波。如果你曾经把电视机调到一个空的频道，你在屏幕上看到的雪花的百分之几就是由这个微波背景引起的。对这个背景唯一合理的解释是，它是由早期非常热和密集的状态遗留下的辐射。随着宇宙膨胀，辐射会冷却，直到它变成我们今天观察到的微弱残余。

我和其他许多人都不喜欢宇宙始于一个奇点的思想。爱因斯坦广义相对论在大爆炸附近崩溃的原因在于它是所谓的经典理论。也就是说，它隐含地假设从常识中看似显而易见的事，即每个粒子都具有明确定义的位置和明确定义的速度。在这种所谓的经典理论中，如果知道宇宙中所有粒子在某时刻的位置和速度，就可以计算出它们在过去或将来的任何其他时刻的值。然而，在20世纪初，科学家们发现，他们无法准确计算出在非常短的距离会发生什么。这不仅仅是他们需要更好的理论。在自然中似乎存在一定程度的随机性或者不确定性，无论我们的理论有多好，都无法将它们移除。它可以被概括为德国科学家沃纳·海森伯在1927年提出的不确定性原理。人们不能准确地同时预测一个粒子的位置和速度。你把位置预测得越准确，你能预测的速度就越不准确，反之亦然。

爱因斯坦强烈反对宇宙由偶然性制约的思想。他的感受可用他的一句名言来概括："上帝不掷骰子。"但是所有证据都表明，上帝是位地地道道的赌徒。宇宙就像一个巨大的赌场，随时都有骰子不停被投掷，赌轮盘不停旋转。赌场老板在每次掷骰子或赌轮盘旋转时，都有赔钱的风险。但是赌了大量次数，各种输赢就被平均了，而赌场老板确保它们的平均对自己有利。那就是为什么赌场老板这么富有。你赢他们的唯一机会是把你所有的钱赌上几把，无论是掷骰子或转赌轮盘。

宇宙也是一样。当宇宙很大时，存在巨量掷骰子行为，结果平均到人们可以预测的程度。但是当宇宙非常小，在宇宙大爆炸附近，只有少量掷骰子行为，而不确定性原理就非常重要。因此，为了理解宇宙的起源，人们必须将不确定性原理并入爱因斯坦的广义相对论。至少在过去的30年里，这一直是理论物理学的巨大挑战。我们尚未解决它，但取得了很多进展。

现在假设我们试图预测未来。因为我们只知道粒子的位置和速度的某种组合，所以我们无法对粒子的未来位置和速度做出精确的预测。我们只能为特定的位置和速度组合赋以概率。因此宇宙的特定未来有一定的可能性。但现在设想我们试图以同样的方式理解过去。

鉴于我们现在可以做出的观察的性质，我们所能做的全部就是将概率赋予宇宙的特定历史。因此，宇宙必然拥有许多可能的历史，每个历史都有自己的概率。存在一个宇宙的历史，英格兰再次赢得世界杯，尽管概率很低。宇宙有多个历史的观点听起来可能像科幻小说，但它现在已被接受为科学事实。这要归功于理查德·费曼，他曾在极具声望的加州理工学院工作，并在附近的脱衣舞酒吧打邦戈鼓。费曼理解事物如何运行的方式是，给每个可能的历史分配特定的概率，然后使用这个思想做出预测。它预测未来的效果非常好。因此我们认为它也可以倒推过去。

科学家们正在努力将爱因斯坦的广义相对论与费曼的多重历史的思想结合成为一个完整的统一理论，它将描述宇宙中发生的一切。这个统一理论将使我们能够计算出宇宙会如何演化，只要我们知道它在某时刻的状态。但统一理论本身并没告诉我们宇宙是如何开始的，或者它的初始状态是什么。为此，我们需要额外的东西。我们所需要的被称为边界条件，它告诉我们在宇宙的边界，即空间和时间的边缘发生了什么。不过如果宇宙的边界只是处于空间和时间的正常点的话，我们可以越过它并宣称超越的领域还是宇宙的一部分。另一方面，如果宇宙的边界是锯齿状的边缘，那里的空间或时间被蜷缩，而且密度为无限，那么要定义有意义的边界条件就非常困难。所以尚不清楚需要什么样的边界条件。似乎没有逻辑基础选择一族边界条件，而排斥另外一族。

然而，加州大学圣巴巴拉分校的吉姆·哈特尔和我意识到第三种可能性。也许宇宙在空间和时间上没有边界。乍一看，这似乎与我前面提到的几何定理直接矛盾。这些定理表明宇宙必须有一个开始，一个时间边界。然而，为了使费曼技巧在数学上得到很好的定义，数学家们发展了一个叫作虚时间的概念。它与我们所经验的实时间无关。这是一个使计算成立的数学技巧，它取代了我们经验的实时间。我们的思想是说，在虚时间里没有边界。这就使试图发明边界条件没有必要。我们把这个思想称为无边界设想。

如果宇宙的边界条件是它在虚时间中没有边界，那么它不止存在一个历史。在虚时间里存在许多历史，其中每个都将确定在实时间中的历史。因此，我们拥有极丰富的宇宙历史。是什么从宇宙所有可能的历史中挑选出我们生活其中的特定历史或一族历史呢？

我们很快注意到的一点是，这些可能的宇宙历史中很多不能经历形成星系和恒星的次序，这些对我们自身的发展至关重要。也许智慧生命会在没有星系和恒星的情况下进化，但那似乎不太可能。这样，我们作为能诘问"为什么宇宙是这样的？"的生命存在这一确凿事实本身就是对我们生活其中的历史的限制。这意味着它是少数拥有星系和恒星的历史之一。这是所谓"人存原理"的一个例子。人存原理说，宇宙必须或多或少是我们看到的样子，因为如果它是不同的，那么就没有任何人在这里观察它。

许多科学家不喜欢人存原理，因为它似乎只比虚晃一招稍好，而不具有很强的预言能力。但是人存原理可以给出一个精确的表述，它在处理宇宙起源时似乎必不可少。M理论是我们完备的统一理论的最好候选者，它允许非常大量的可能的宇宙历史。大多数这些历史非常不适合智慧生命的发展。要么它们是空的，要么是过于短命的，要么是过于高度弯曲的，或在其他方面出错。然而，根据理查德·费曼的多重历史思想，这些无人居住的历史可能有相当高的概率。

我们并不关心存在多少不包含智慧生命的历史。我们只对智慧生命在其中发展的历史子集感兴趣。这种智慧生命不必像人类一样。小绿人也行。事实上，他们可能做得更好。人类智慧行为的记录不很光彩。

作为人存原理威力的一个例子，让我们考虑空间方向的数量。我们生活在三维空间中是一个常识。也就是说，我们可以用三个数字来表示空间中一个点的位置。例如，纬度、经度和海拔。但为什么空间是三维的？为什么它不是两维、四维，或其他一些维数，如科幻小说中那样？事实上，在M理论中，空间有十个维度（这理论也具有一维时间），但人们认为，十维空间方向中的七维被卷曲得非常小，留下三维大而几乎平坦的方向。它就像一根吸管。吸管的表面是二维的。然而，一个方向被卷曲成一个小圆圈，因此隔开距离看，吸管就像一根一维的线。

为什么我们不生活在一个历史中，其中八个维度被蜷缩得很小，只留下我们注意到的两维？原因是，两维动物将难以消化食物。如果它像我们一样，有一个直通的肠道，它就会将那只动物分裂成两部分。这个可怜的生物就被分解了。因此，对于任何像智慧生物这样复杂的事物，两个平坦的方向是不够的。三个空间维度有一些特殊之处。在三维空间中，行星可以在恒星周围具有稳定的轨道。这是服从由罗伯特·胡克在1665年发现并由艾萨克·牛顿详细阐述的引力服从平方反比定律的结果。考虑两个物体在特定距离处的引力，如果该距离加倍，则它们之间的力减到四分之一。如果距离增加3倍，则将力除以9，如果是4倍，则将力除以16，依此类推。这导致了稳定的行星轨道。现在让我们考虑四个空间维度。万有引力就会遵循立方反比定律。如果两个物体之间的距离加倍，那么引力将被除以8，3倍则除以27，如果是4倍，则除以64。这种立方反比定律的改变使行星在它们的恒星周围不可能拥有稳定的轨道。它们要么落入它们的恒星，要么逃逸到外面的黑暗和寒冷中去。类似地，原子中的电子轨道也不稳定，这样我们所知道的物质就不会存在。因此,虽然多重历史的思想允许任何数目的几乎平坦的方向,但只有拥有三个平坦方向的历史将包含智慧生命。只有在这样的历史中这个问题才会被提出:"为什么空间具有三个维度?"

我们在阿诺·彭齐亚斯和罗伯特·威尔逊发现的微波背景中观察到宇宙的一个显著特征。它本质上是宇宙在非常年轻时的场景的一种化石记录。这个背景几乎是相同的,不管我们往哪个方向看。不同方向之间的差异约为十万分之一。这些差异不可思议的小,而需要给予解释。对这种光滑性的普遍被接受的解释是,在宇宙历史的极早期,它经历过一个急剧膨胀的时期,宇宙膨胀了至少一千亿亿亿倍。这个过程被称为暴胀。与过于经常折磨我们的通货膨胀形成对比,暴胀对于宇宙是个好东西。如果这就是它的全部故事,那么微波辐射在四面八方都会是完全一样的。那么这微小的差异从何而来?

1982年初,我写了一篇论文,提出这些差异源自于暴胀时期的量子涨落。发生量子涨落是不确定性原理的结果。此外,这些波动是形成宇宙中的星系、恒星和我们的种子。这个思想基本上和我在十年前预言的从黑洞视界来的霍金辐射机制一样,除了现在它来自于宇宙视界。宇宙视界是把宇宙中我们能看到的部分和我们看不到的部分分开的面。那年夏天,我们在剑桥举办了一个研讨会,该领域的所有主要专家都参加了。在这次会议上，我们建立了现有的关于暴胀的大部分图景，包括引起星系形成以及由此我们存在的最重要的密度涨落。有几个人为最终答案做出了贡献。这是在1993年COBE卫星发现宇宙微波背景涨落之前的十年，由此可见理论遥遥领先于实验。

再过十年后的2003年，宇宙学成为精密科学，WMAP卫星得到最初的结果。WMAP制作了一幅关于宇宙微波背景天穹温度的精彩天图，是宇宙在大约当前年龄的万分之一时的快照。你看到的无规性是被暴胀预言过的，它们意味着宇宙的某些区域的密度略高于其他区域。额外密度的引力吸引减缓了该区域的膨胀，并最终导致它坍缩形成星系和恒星。所以仔细看看微波天穹图，它是宇宙中所有结构的蓝图。我们是极早期宇宙中量子涨落的产物。上帝确实是在掷骰子。

今天我们拥有普朗克卫星，它超越了WMAP，能获得具有高得多的分辨率的宇宙天图。普朗克正在认真测试我们的理论，甚至可能检测由暴胀预言的引力波的印记。这将是量子引力在整个天穹画出的印记。

有可能存在其他宇宙。M理论预言，从无到有创生了许多宇宙，它们对应于许多不同的可能历史。随着其年龄增长到现在直至未来，每个宇宙都有许多可能的历史及许多可能的状态。这些状态的大多数都非常不同于我们观察到的这个宇宙。

我们仍然有望在日内瓦CERN的大型强子对撞机，即LHC粒子加速器上看到验证M理论的第一个证据。从M理论的角度看，它只探测低能量，但是我们可能有运气看到基本理论的一个较弱的信号，诸如超对称。我认为，发现已知粒子的超对称伙伴会彻底变革我们对宇宙的理解。

2012年，日内瓦CERN的LHC宣布发现希格斯粒子。这是21世纪首次发现的一个新的基本粒子。LHC还有一些希望发现超对称性。但即使是LHC没有发现任何新的基本粒子，在目前正在计划的下一代加速器中仍可能发现超对称性。

宇宙本身在热大爆炸中的开端是测试M理论，以及我们关于时空和物质构件的思想的终极高能实验室。不同的理论在当前的宇宙结构中留下了不同的指纹，因此天体物理数据可以为我们提供统一所有自然力的线索。所以也很可能还存在其他宇宙，但不幸的是我们永远无法探索它们。

我们已经看到了宇宙起源的一些东西，但这留下了两个大问题：宇宙会结束吗？宇宙是独一无二的吗？

那么宇宙中最可能的历史将会有什么样的未来行为？似乎存在各式各样与智慧生命的出现相容的可能性。它们取决于宇宙中的物质数量。如果超过一定的临界量，星系之间的引力将减缓膨胀。

最终他们将开始相互吸引，并将在一次大挤压中聚集在一起。这将是宇宙历史在实时间中的终结。当我在远东时，我被要求不要提到大挤压，因为它可能会动摇市场信心。但市场还是崩溃了，也许这故事不知怎么搞的还是被泄露出去。在英国，人们似乎不太担心20亿年后可能的末日。在那之前，你仍然可以大吃大喝，并寻欢作乐。

如果宇宙的密度低于临界值，则引力太弱，不足以阻止星系永远飞离。所有的恒星都会燃尽，而且宇宙将变得越来越虚空，越来越寒冷。所以，万物又要终结，不过是以一种不太戏剧化的方式终结而已，我们仍然还有几十亿年的时间可过。

在这个回答中，我试图解释一些有关我们宇宙的起源、未来和本性的事情。过去的宇宙是小而密集的，所以它就很像我开始说的果壳那样。然而这个果壳编码了在实时间里发生的一切。所以哈姆雷特是完全正确的。我们有可能被束缚在果壳之中，但把我们自己视为无限空间之王。

一切如何开始？

大爆炸之前发生了什么？

"根据无边界设想，询问大爆炸之前发生什么毫无意义——就像问南极之南是什么一样——因为没有时间概念可供参照。时间的概念只存在于我们的宇宙中。"

3   Is there other intelligent life in the universe？   宇宙中存在其他智慧生命吗？

我想稍微推测一下宇宙中生命的发展，特别是智慧生命的发展。我将把人类也包括在此，尽管人类在整个历史中的很多行为都是相当愚蠢的，并未顾及其他物种的存活。我将要讨论的两个问题是，"宇宙中其他地方存在生命的概率是多少？""生命在未来可能会如何发展？"

随着时间的推移，事情变得更加混乱和混沌，这是大家共同的经验。这种观测甚至有其自己的定律，即所谓的热力学第二定律。这个定律是说，宇宙中的无序或熵的总量总是随着时间的推移而增加。不过，定律仅指无序总量。一个物体的秩序可以增加，只要其周围的**无序量**增加得更多即可。

这就是在生物中发生的事情。我们可以将生命定义为一个有序的系统，该系统可以维持其对抗无序的倾向，并能复制自身。也就是说，它可以造出类似但独立的有序系统。要完成这些，系统必须把某种有序形式的能量，例如食物、阳光或电力转变成热的形式的无序的能量。以这种方式，系统就可以在满足总的无序量增加的要求的同时，它自身和它的后代有序量增加。这听起来就像住在房子里的父母每添一个新生儿，他们的住房就变得越来越混乱。

像你我这样的生命通常有两个要素：一组告诉系统如何继续进展和如何复制自己的指令，一种执行这些指令的机制。在生物学中，这两部分被称为基因和新陈代谢。但值得强调的是，它们根本不必和生物有关。例如，电脑病毒就是一个程序，它会在电脑记忆体中复制自己，并将自己转移到其他的电脑里。因此，它符合我所给出的生命系统的定义。像生物病毒一样，它是一种相当退化的形式，因为它只包含指令或基因，并没有任何自身的新陈代谢。相反，它为主电脑或细胞的代谢重新编程。有些人质疑病毒是否应该算作生命，因为它们是寄生虫，不能独立于寄主而存在。但是，包括我们自己在内的大多数生命形式都是寄生虫，因为他们食用并依赖其他生命形式而存活。我认为电脑病毒应该算作生命。也许这揭示了人性的某些阴暗，到目前为止，我们创造的唯一生命形式纯粹是破坏性的。你瞧，这就是按照我们自己的形象创造的生命。稍后我将回到电子生命形式。

我们通常认为的"生命"是基于碳原子链，还有一些其他原子，如氮或磷。人们可以推测，可能存在一些基于其他化学主要成分的生命，例如硅，但碳似乎是最有利的情况，因为它的化学最丰富多彩。碳原子得以存在并具有它的那些特性，需要对物理常数进行微调才可能，例如QCD标度、电荷甚至时空维数。如果这些常数具有显著不同的值，要么碳原子的核不稳定，要么电子将坍缩到核上去。乍一看，宇宙如此精细的调准似乎非同寻常。也许这就是宇宙被专门设计来产生人类的证据。然而，由于人存原理，即我们关于宇宙的理论必须与我们自身的存在相协调的思想，对于这种论证，我们必须小心。这是基于不言而喻的真理，要是宇宙不适合生命的话，我们就不会在问为什么它这么精细地调准。人们可以使用强或弱版本的人存原理。对于强人存原理，人们认为存在许多不同的宇宙，每个宇宙物理常数都有不同的值。其中少数宇宙，物理常数的值会允许像碳原子这样的东西存在，它可以作为生命系统的基石。既然我们必须生活在其中的一个宇宙中，我们就不应对物理常数被精细地调准感到惊讶。如果它们没被调准，我们就不会在这里。而对于所有那些其他宇宙，人们可以赋予什么样的操作意义？因此强人存原理并不令人十分满意。而且如果它们与我们自己的宇宙是分开的，发生在它们中的事情怎么可能影响我们的宇宙？相反，我会采用所谓的弱人存原理。也就是说，我将采用给定的物理常数的值。不过我会看到，从处于宇宙历史的现阶段在这颗行星上存在生命的事实，可以得出什么结论。

宇宙在大约138亿年前的大爆炸启始时，不存在碳。因为太热了，所有的物质都处于被称为质子和中子的粒子的形式。最初会存在相同数量的质子和中子。然而，随着宇宙的膨胀，它冷却下来了。大爆炸后大约1分钟，温度会下降到大约10亿度，大约是太阳温度的100倍。在这个温度下，中子开始衰变成更多的质子。

如果这就是发生过的一切，那么宇宙中的所有物质最终都会成为最简单的元素氢，其核由一个质子组成。然而，一些中子与质子碰撞并粘在一起，形成下一个最简单的元素氦，

　　　　　　　宇宙中存在其他智慧生命吗？

其核由两个质子和两个中子组成。但是在早期宇宙中不会形成更重的元素，如碳或氧。很难想象可以只用氢和氦建立一个生命系统。无论如何，早期的宇宙仍然实在太热，原子无法结合成分子。

宇宙继续膨胀和冷却。但是有些区域的密度略高于其他区域，这些区域的多余物质的引力减缓并最终阻止了膨胀。在大爆炸后大约20亿年后开始，这些区域反而坍缩形成了星系和恒星。一些早期的恒星质量会比我们的太阳更大，会比太阳更热，并把最初的氢和氦燃烧成为较重的元素，如碳、氧和铁。这可能只需几亿年。此后，一些恒星作为超新星爆炸，把重元素散落回太空，变成后代恒星的原料。

其他恒星离我们太远，我们无法直接看到是否有行星围绕其运行。然而，有两种技术可以让我们发现围绕其他恒星的行星。第一种是观测恒星，看来自它的光量是否恒定。如果一颗行星在恒星前面运动，那么来自恒星的光线会被略微遮挡。恒星会变得稍微有点暗淡。如果这种情况有规律地发生，那就是因为行星轨道将行星反复地带到恒星前面。第二种方法是准确测量恒星的位置。如果一颗行星围绕着其运行，它就会导致恒星的位置产生微小的摆动，这可以被观察到。如果是有规则的摆动，我们就可以推断这是行星围绕恒星运行引起的。从大约20年前人们开始应用这些方法，到现在已发现了几千个围绕着遥远的恒星运行的行星。据估计，每5颗恒星中就有一颗类似地球的行星围绕着它公转，而且它离恒星的距离可以让我们所知的生命存活。我们自己的太阳系是由被早期恒星残骸玷染过的气体形成的，形成于大约45亿年前，或大爆炸后90余亿年的时候。地球主要由比较重的元素构成，包括碳和氧。不知何故，其中有些原子排列成了DNA分子的形式。这就是著名的双螺旋形式，是弗朗西斯·克里克和詹姆斯·沃森于20世纪50年代在位于剑桥新博物馆遗址的一间小屋里发现的。核酸的碱基对把螺旋的两条链连在一起。核酸有四种，其碱基分别是腺嘌呤、胞嘧啶、鸟嘌呤和胸腺嘧啶。一条链上的腺嘌呤总是与另一条链上的胸腺嘧啶配对，而鸟嘌呤则与胞嘧啶配对。因此，一条链上的核酸序列就决定了另一条链上的序列是独特并与之互补的。这两条链可以分开，每条链充当模板以合成新的互补链。DNA分子因此得以复制其核酸序列中编码的遗传信息。序列的某些片断也可以用于制造蛋白质或其他化学分子；这些分子能够执行编码在序列中的指令，并组织原料供DNA去自我复制。

如前所述，我们并不知道DNA分子最早是如何产生的。因为DNA分子由随机起伏而产生的机会非常小，有的人认为生命是从其他地方来到地球的，例如，在行星仍然不稳定的时候，被脱离火星的石块带到这里来；而且银河系中存在四处飘浮的生命种子。然而，DNA似乎不太可能在太空辐射中长时间存活。

如果生命在给定行星上很难出现，我们会预料它需要很长时间形成。更准确地说，我们会预料生命姗姗来迟，但会在太阳膨胀起来并吞没地球之前，给它留出足够的时间，以进化到类似我们一样的智慧生物。可能发生这种情况的时间窗口是太阳的生命周期：大约100亿年。可以想象，在此期间，某种智慧生命形式已能掌握太空飞行技术，并能逃到另一颗恒星去。如果无路可逃，那地球上的生命将注定灭绝。

有化石证据表明，大约35亿年前，地球上已经存在某种形式的生命。这也许是在地球变得稳定和足够冷却、使生命得以发展最简单形式之后的短暂的5亿年。但生命本可以在漫长的70亿年岁月中的任何时候在宇宙中发展最简单形式，并仍有足够时间进化出像我们一样的，能够询问生命起源的生物。如果在一个给定行星上产生生命的概率非常小，为什么它只花了大约十四分之一的可用时间，就在地球上出现了呢？

地球上生命出现这么早，说明在适当的条件下，自发产生生命的机会并不小。也许DNA是由更简单的生命形式合成的。而DNA一旦出现，就非常成功，以至于完全取代了早期的形式。我们不知道这些早期的形式是什么样的，但一种可能性是RNA。

RNA很像DNA，但简单多了，也没有双螺旋结构。短片断的RNA可以像DNA一样自我复制，最终还可能会合成DNA。我们尚不能在实验室中用非生物材料合成核酸，更不用说RNA了。但是，给予5亿年的时间，在覆盖了大部分地球的海洋之中，也许存在偶然合成出RNA的合理概率。

DNA自我复制时，会出现随机错误。其中很多都是有害的，因而被淘汰了；有些是中性的，这些不影响基因的功能；而一些错误会有利于物种的生存，这些就会被达尔文提出的自然选择法则保留下来。

生物进化过程起初非常缓慢。最早的细胞进化成多细胞生物大约花了25亿年。但在接下来不到10亿年的时间内，有的就进化成了鱼类；随后，有的鱼类又进化成哺乳动物。再往后，进化似乎更快了。从早期的哺乳动物进化到我们人类，只花了大约1亿年。个中原因是早期的哺乳动物已经具有了我们基本器官的初级版本。从早期的哺乳动物进化到人类只需要一点点微调。

但随着人类进化达到一个关键阶段，其重要性与DNA的产生相当。这就是语言的发生，尤其是书面语言的出现。它意味着，除了DNA的基因传递之外，信息也可以代代相传。在一万年有记载的历史之中，存在一些由生物进化导致的人类DNA可以检测到的改变，但代代相传的知识量增长巨大。我写过几本书，给你们介绍我在漫长的科学生涯中所掌握的关于宇宙的知识。这样做的过程中，我就把知识从我的大脑里转到了书上，这样你就可以阅读。

人类的卵子或精子中的DNA包含有大约30亿个核酸碱基

对。但是，这个序列中编码的很多信息似乎是冗余或不活动的。因此，我们基因中有用信息的总量可能大约是1亿比特。1比特信息是对是/否问题的答案。相比之下，平装小说可能包含200万比特的信息。因此，一个人大约相当于50本《哈利波特》，一个国家图书馆可收藏大约500万本书，或大约10万亿比特。书籍或互联网上传递的信息量是DNA中的10万倍。

更重要的是，书籍中的信息可以更快地更改和更新。我们用了几百万年的时间，从不太先进的早期猿类进化而来。在那段时间里，我们DNA中的有用信息可能只改变了几百万比特，因此人类生物进化的速度大约是每年1比特。相比之下，每年约有50 000种以英文出版的新书，它们包含1 000亿比特数量级的信息。当然，这些信息的绝大多数都是垃圾，对任何形式的生命都没用。但是，即便如此，有用信息的增加速度仍然是数百万，如果到不了数十亿，也远高于DNA。

这意味着，我们已经进入了一个新的进化阶段。起初，进化是通过自然选择进行的——来自随机突变。这个达尔文阶段持续了大约35亿年并产生了我们，即发展语言来交换信息的人。但在过去的1万年左右，我们处于所谓的外部传输阶段。在此阶段，虽然在DNA中传递到后代的**内部**记录的信息有些变化，但与此相比，在书籍和其他持久的存储形式中的**外部**记录却已经极大增加。

有些人会把"进化"这个术语仅用于内部传递的遗传物

质，反对将其应用于在外部传递的信息。但我认为这种观点过于狭隘。我们不仅仅是我们自身的基因。我们可能不比我们的穴居人祖先更强大或者天性上更聪明。但是与他们的不同之处在于我们在过去1万年，特别是过去300年积累的知识。我想采取更开阔的观点，将外部传播的信息和DNA一起包括在人类的进化内是合理的。

外部传播进化期间的时间尺度就是信息积累的时间尺度。这曾经是数百甚至数千年。但是现在这个时间尺度缩小到大约50年或更短。另一方面，我们处理这些信息的大脑只以数十万年的达尔文的时间尺度来演化。这开始引起问题。在18世纪，据说有人读过每一本著作。但是现在，如果你每天读一本书，你会花几万年才能读遍一座国家图书馆的藏书。到了那个时候，又有更多的书已经写好了。

这意味着个人最多只能掌握人类知识的一小部分。人们必须专注于越来越狭窄的领域。这可能是未来的一个主要的限制。我们肯定不能长久地保持过去300年里知识的指数增长率。对后代的更大的限制和危险在于我们仍然拥有本能，特别是我们在穴居人时代就有的好斗的冲动。直至现在，侵略者征服或杀害其他男人，并掠夺他们的女人和食物，这种侵略方式明显具有生存优势。但现在它可以摧毁整个人类和地球上其余的大部分生命。核战争仍然是最急迫的危险，但还有其他一些危险，例如基因工程病毒的释放，或者温室效应变得不稳定。

我们来不及等待达尔文进化论把我们变得更聪明、更善良。而我们现在正进入一个可称为自我设计进化的新阶段，在这个阶段，我们将能够改变和改善我们的DNA。我们现在已经绘制了DNA，这意味着我们已经阅读了"生命之书"，所以我们可以开始改写更正。起初，这些改变将局限于遗传缺陷的修复——像囊性纤维化和肌营养不良症是由单个基因控制的，因此相当容易识别和纠正。其他品质如智力，可能受到大量基因的控制，要找到它们并找出它们之间的关系，就会困难得多。尽管如此，我相信在21世纪，人们会发现如何变更智慧和诸如好斗的本能。

反对人类基因工程的法律可能会被通过。但是有些人无法抵抗改善人类特征的诱惑，例如记忆力、抗病能力和生命长度。一旦这样的超人出现，未经改善的人类将面临重大的政治问题，他们将无法赢得竞争。想象得到，他们会死绝，或被边缘化。相反的，将会出现一群自我设计的生物，他们正以不断增长的速度完善自己。

如果人类设法重新设计自己，减少或消除自我毁灭的风险，它可能会散布到其他行星和恒星上去，并在那里殖民。但是，对于化学基础的生命形式，比如像我们这样的基于DNA的，长途太空旅行将很困难。这些生命的自然寿命与旅行时间相比太短。根据相对论，没有什么能比光旅行得更快，所以从我们到最近的恒星的往返旅程将至少需要8年，而到银河系的中心则大约需要5万年。在科幻小说中，他们通过空间弯曲，或通过额外的维度来克服这个困难。但我认为这些都是永远不可能的，无论生命变得多么智慧。在相对论中，如果一个人可以比光旅行得更快，那么他也可以旅行回到过去，这会导致人们回到并改变过去的问题。人们还会预料已经看到大量来自未来的游客，他们好奇地瞧着我们古怪过时的生活方式。

我们也许可能使用基因工程使以DNA为基础的生命无限延长，或者至少存活10万年。但是，发送机器将是更容易的，这几乎已在我们的能力范围内。可以把机器设计得持续足够久直至完成星际旅行。当它们到达一颗新的恒星时，它们可以降落在合适的行星上并挖掘材料制造更多的机器，后者可以被发送到更多的恒星上。这些机器将是生命的一种新形式，它们是基于机械和电子元件而不是大分子之上。它们最终可以取代基于DNA的生命，就像DNA可能已经取代了早期的生命形式一样。

●

当我们探索银河系时，我们遇到某种外星生命形式的机会是多少？如果关于地球上生命出现的时间尺度的论证是正确的，那么应该存在许多其他恒星，其行星上拥有生命。其中一些恒星系统可能在地球之前50亿年就形成了。那么为什么银河系没有爬满着自我设计的机械或生物的生命形式？为什么地球没被它们访问甚至被殖民过？顺便说一句，我不太相信不明飞行物携带来自外太空生物的说法，因为我认为外星人的任何访问都会更加明显得多——而且可能也更不愉快得多。

那么为什么我们没被访问过？也许生命自动发生的概率就是如此之低，以至地球是银河系中或者在可观察的宇宙中唯一出现生命的行星。另一种可能性是存在合理概率形成自我复制系统，比如细胞，但大多数这些生命形式并没有演化出智慧。我们过去认为智慧生命是进化的不可避免的后果，但如果它并非如此又怎么办？人存原理应警告我们要警惕这些论点。进化更可能是一个随机过程，智慧只是众多可能的结果之一。

甚至智慧是否具有任何长期生存价值，这一点尚不清楚。如果地球上的所有其他生命都被我们消灭，细菌和其他单细胞生物可能继续存在。从演化的年表来看，也许地球上的生命不太可能进化出智慧，因为从单细胞到多细胞生物，它花了很长时间——25亿年，而多细胞生物是智慧的必要前提。这是太阳爆炸之前可用总时间的很大一部分，所以它与生命进化出智慧的概率很低的假设相符。在这种情况下，我们可能会在银河系中发现许多其他生命形式，但我们不太可能找到智慧生命。

另外，如果小行星或彗星与这个星球相撞，这是生命不能发展到智慧阶段的另一种可能原因。1994年，我们观察到了肖梅克·利维彗星与木星的碰撞。它产生了一系列巨大的火球。有人认为，大约6 600万年前一个小得多的天体与地球的碰撞，造成恐龙的灭绝。一些小的早期哺乳动物幸存下来，但任何像人类一样大的东西几乎肯定会被消灭。很难说这种碰撞发生的频率，但平均每两千万年可能是一个合理的猜测。如果这个数字是正确的，那就意味着地球上智慧生命的发展只是因为在过去的6 600万年中地球没有发生重大碰撞。银河系中的其他行星发展的生命可能没有足够长的无碰撞时期来进化成智慧生物。

第三种可能性是存在生命形成并演化为智慧生命的合理概率，但系统变得不稳定，智慧生命自我毁灭。这将是一个非常悲观的结论，我非常希望它不是真的。

我更喜欢第四种可能性：外太空还有其他形式的智慧生命，但我们却被忽视了。2015年，我参与了突破聆听计划的启动。突破聆听使用射电观测来寻找智慧的外星生命，并拥有最先进的设施、慷慨的资金和数千小时的专用射电望远镜时间。它是有史以来旨在寻找地球以外文明证据的规模最大的科学研究计划。突破性信息是一个国际竞争，旨在创造可让先进文明阅读的信息。但我们需要警惕，直到我们进一步发展之前，不要回答外星生命。在我们现阶段，遭遇更先进的文明，可能有点像美洲原住民遭遇哥伦布一样 —— 我想他们认为他们的生活因之变得更糟。

如果智慧生命存在于地球以外的其他地方，它会与我们所知道的形式相似，还是不同？

"地球上存在智慧生命吗？不过说真的，如果其他地方有智慧生命，那么它必须在非常遥远之处，否则此前它就应访问过地球。我想如果我们被访问过，我们就已经知道了，这就像那部电影《独立日》。"

4   Can we predict the future？   我们能预测未来吗？

在古代，世界似乎非常任性。诸如洪水、瘟疫、地震或火山等灾害似乎总在没有任何警告或明显原因的情况下发生。原始人将这种自然现象归咎于众神，他们的行为既反复无常，又异想天开。没有办法预测他们会做什么，唯一的希望是通过礼物或行动赢得青睐。当今许多人仍然部分赞同这一信念，并尝试与幸运缔结契约。如果他们的课程可以获得A等或通过他们的驾驶考试，他们就愿意改善行为或更好心。

然而，人们一定渐渐地注意到自然行为的某些规律性。这些规律在天体穿越天穹的运动中最为明显。所以天文学是第一门被发展的科学。300多年前，正是牛顿给予它坚实的数学基础，而我们仍然使用他的引力理论预测几乎所有的天体运动。跟随天文学的例子，人们发现其他自然现象也遵守明确的科学定律。这就导致了科学决定论的思想，这个思想似乎首先是由法国科学家皮埃尔–西蒙·拉普拉斯公开表达的。我想为你引用拉普拉斯的原话，可惜拉普拉斯就像普鲁斯特一样，爱写冗长和复杂的句子。所以我决定改述。实际上，他所说的是，如果我们知道宇宙中的所有粒子在某一时刻的位置和速度，那么我们就能够计算出它们在过去或将来任何其他时刻的行为。有一个可能是杜撰的故事说，当拿破仑问拉普拉斯如何将上帝纳入这个系统时，他回答说："阁下，我不需要那个假设。"我不认为拉普拉斯声称上帝不存在。只是上帝没有介入打破科学规律。那应该是每个科学家的立场。如果科学定律只在某位超自然存在决定让事物自身运行而不介入时才成立，那么科学定律就不成其为科学定律。

拉普拉斯时代以来，宇宙在一个时刻的状态确定其他所有时间的状态的思想一直是科学的中心信条。这意味着我们至少在原则上可以预测未来。然而，在实践中，我们预测未来的能力受限于方程的复杂性以及它们通常具有称为混沌的属性这一事实。正如那些看过《侏罗纪公园》的人都知道，这意味着一个地方的微小干扰会导致另一个地方发生重大变化。一只蝴蝶在澳大利亚扇动翅膀会导致在纽约中央公园的大雨。麻烦在于，它不可重复。下一次蝴蝶拍翅膀时，其他很多东西会有所不同，也会影响天气。这种混沌因素是天气预报如此不可靠的原因。

尽管存在这些实际困难，科学决定论仍然是整个19世纪的正式教条。然而，在20世纪，有两项发展表明拉普拉斯对未来的完整预言的观点无法实现。其中第一项发展是所谓的量子力学。这是为了解决一个突出的悖论，由德国物理学家马克斯·普朗克于1900年提出的一个临时假设。根据可追溯到19世纪拉普拉斯时代的经典思想，一个热的物体，例如一块炽热的金属，应该发出辐射。它会在射电波、红外线、可见光、紫外线、X射线和伽马射线中都以相同的速率失去能量。这不仅意味着我们都会死于皮肤癌，而且宇宙中的一切都将处于相同的温度，显然事实并非如此。

然而，普朗克证明，如果放弃辐射量可取任何值的想法，而是说辐射仅以特定大小的波包或量子出现，就可以避免这场灾难。这有点像说你不能从超市买到散装的糖，它必须是每千克的袋装糖。紫外线和X射线的波包或量子中的能量比红外线或可见光的要高。它的意思是，除非物体非常热，如太阳，它甚至没有足够的能量发出紫外线或X射线的单独量子。这就是为什么我们不会被一杯咖啡灼伤。

普朗克认为量子的概念只是一种数学技巧，而不具有任何物理现实，无论这意味着什么。然而，物理学家们开始去找只能用某种量解释的其他行为 —— 这种量的值是离散或量子化而非连续变化的。例如，人们发现基本粒子的行为和小陀螺相当像，它围绕一个轴旋转。但是其旋转量不能取任意值。它必须是一个基本单位的某个倍数。因为这个单位非常小，人们没注意到，正常的陀螺真的以快速的离散步骤的序列，而不是以一个连续的过程减慢速度。但是，对于小到像原子那样的陀螺，自旋的离散性质非常重要。

过了一段时间，人们才意识到这种量子行为对决定论的影响。直到1927年，另一位德国物理学家沃纳·海森伯才指出，你无法同时准确地测量粒子的位置和速度。要看到粒子的位置，人们就必须把光线照射在它上面。但是根据普朗克的研究，人们不能使用任意少量的光。一个人必须至少使用一个量子。这将扰乱粒子并以不可预测的方式改变其速度。

要准确测量粒子的位置，你必须使用短波长的光，如紫外线、X射线或伽马射线。但是，还是根据普朗克的研究，这些形式的光的量子比可见光的能量更高。因此它们会更多地扰乱粒子的速度。这是一个绝望的情况：你越准确地测量粒子的位置，你就越不能准确地知道速度，反之亦然。这被概括为海森伯制定的不确定性原理：粒子位置的不确定性与速度的不确定性的乘积，总是大于普朗克常数与2倍粒子质量的商。

拉普拉斯科学决定论的观点涉及知道粒子于某一瞬间在宇宙中的位置和速度。所以它被海森伯不确定性原理严重破坏。当一个人不能同时准确测量粒子此刻的位置和速度时，怎么能预测未来？不管你有一台多么强大的电脑，如果你把糟糕的数据输入，你就只能得到糟糕的预测。

对于自然中的这个显然的随机性，爱因斯坦非常不快。他的名言"上帝不掷骰子"反映了他的观点。他似乎认为不确定性只是暂时的，而且存在一个潜在的现实，其中粒子会有明确定义的位置和速度，根据拉普拉斯本意的确定性定律演化。上帝可能知道这个现实，但光的量子性质会阻止我们看到它，充其量也只能用不允许我们看到其细节的工具去观测。

爱因斯坦的观点现在被称为隐变量理论。隐变量理论似乎是把不确定性原理融入物理学的最明显的方式。它们构成了许多科学家和几乎所有的科学哲学家持有的宇宙心理图像的基础。但这些隐变量理论是错误的。英国物理学家约翰·贝尔设计了一个实验检测，可以证伪隐变量理论。当人们小心翼翼地完成了该实验，发现结果与隐变量不一致。因此，似乎连上帝也受到不确定性原理的约束，无法同时知道粒子的位置和速度。所有的证据都表明上帝是一个上瘾的赌徒，他会在每一个可能的场合投掷骰子。

其他科学家比爱因斯坦更愿意修正19世纪经典决定论的观点。海森伯、奥地利的埃尔温·薛定谔和英国物理学家保罗·狄拉克提出了一种新的理论 —— 量子力学。狄拉克的剑桥大学卢卡斯教席只在我的前任之前。虽然量子力学已经存在了将近70年，但它仍然没有得到普遍理解或欣赏，即使是那些使用它进行计算的人也如此。然而它应和我们所有的人都有关，因为它完全不同于物理宇宙和现实本身的经典图景。在量子力学中，粒子不具有明确的位置和速度。相反的，它们由所谓的波函数表示。这是在空间的每一点的一个数。波函数的大小给出了在该位置找到粒子的概率。波函数从点到点的变化率给出了粒子的速度。人们可以拥有在一个小区域取极大峰值的波函数。这将意味着位置不确定性很小。但是波函数在靠近峰顶会变化很大，一边向上，另一边向下。因此，速度不确定性将很大。同样，人们可以拥有波函数，其速度不确定性很小，但位置不确定性很大。

波函数包含人们能够知道的关于粒子的一切，包括其位置和速度。如果你知道某一时刻的波函数，那么根据所谓的薛定谔方程就知道它在其他时刻的值。因此，人们仍然拥有一种决定论，但它不是拉普拉斯设想的那种。我们可以预测的全部只是波函数，而不能够预测粒子的位置和速度。这意味着，我们只能预测到根据19世纪的经典观点预测的一半。

当我们试图预测位置和速度时，虽然量子力学导致了不确定性，它仍然允许我们确切地预测位置和速度的一种组合。但是，即使是这个程度的确定性似乎还受到更新近的科学发展的威胁。问题的出现是因为引力可以把时空弯曲到某种程度，以至存在我们观察不到的空间区域。

这些区域是黑洞的内部。这意味着即使在原则上我们也不能观察到黑洞内的粒子。所以我们根本无法测量它们的位置或速度。那么就存在这是否会引入比在量子力学中发现的更进一步的不可预测性的问题。

总结一下，拉普拉斯提出的经典观点，如果人们知道某一时刻粒子的位置和速度，那么它的未来运动是完全确定的。当海森伯提出了他的不确定性原理之后，这种观点必须加以修改。该原理说，人们无法同时准确知道位置和速度。然而，仍有可能预测一个位置和速度的结合。但是如果考虑到黑洞，甚至这种有限的可预测性也可能消失。

制约宇宙的定律是否允许我们准确地预测到将
来会有什么发生在我们身上？

"简短的回答既是否定的，也是肯定的。在
原则上，定律允许我们预测未来。但在实践中，
通常计算都太难了。"

5   What is inside
a black hole?   黑洞中是什么？

据说事实有时候比想象更奇怪，而且找不到比黑洞的情况更能真实地体现这一点的了。黑洞比科幻作家梦想的任何东西都更奇怪，但它们是坚实的科学事实。

1783年，剑桥人约翰·米歇尔首次讨论了黑洞。他的论证如下：如果一个人垂直向上发射一个粒子，诸如一个炮弹，它会由于引力而减速。最终，粒子将停止向上运动，并将回落。然而，如果最初的向上速度大于某个临界值（称为逃逸速度），则引力永远不会强到足以阻止粒子，它就会逃脱。地球的逃逸速度仅稍大于每秒11千米，而太阳的逃逸速度约为每秒617千米。两者都是远远高于真正的炮弹的速度。但它们与光速相比又较低，光速是每秒30万千米。因此光可以轻而易举地离开地球或太阳。然而，米歇尔认为可能存在质量比太阳大得多的恒星，其逃逸速度比光速还大。我们将无法看到它们，因为它们发出的任何光都会被引力拖曳回来。因此它们被米歇尔称为暗星，而我们现在称之为黑洞。

为了理解它们，我们需要从引力开始。爱因斯坦的广义相对论描述了引力，这是一个空间和时间的，也是引力的理论。空间和时间的行为受制于一组称为爱因斯坦方程的方程，那是爱因斯坦于1915年提出的。虽然引力是迄今为止已知的自然力中最弱的，但它有两个比其他力更关键的优势。首先，它的作用是长程的。太阳距离我们9 300万英里，它将地球保持在轨道上，而太阳被保持在围绕银河系中心的轨道上，该中心大约在10 000光年远。第二个优势是引力总是吸引的，不像电力，它可以吸引，也可以排斥。这两个特征意味着，对于一个足够大的恒星，粒子之间的引力可以支配所有其他的力，并导致引力崩溃。尽管存在这些事实，科学界仍然未能很快地意识到大质量的恒星可能会在自己的引力作用下往自身坍缩，并弄清楚留下的天体会如何行为。阿尔伯特·爱因斯坦在1939年甚至写了一篇论文，声称恒星在引力作用下不能坍缩，因为物质不能被压缩超过某种程度。许多科学家分享了爱因斯坦的直觉。美国科学家约翰·惠勒是主要的异见者，他在很多方面都是黑洞故事中的英雄。在他20世纪50年代和60年代的研究中，他强调许多恒星最终会坍缩，并探讨了这对理论物理学带来的问题。他还预见到坍缩恒星变成的天体——黑洞的许多属性。

在一颗普通恒星超过数十亿年寿命的大部分时间中，它将依赖把氢转化为氦的核过程产生的热压来抵抗其自身的引力。然而，这颗恒星最终将耗尽其核燃料，恒星将收缩。在某些情况下，它可能成为白矮星来支持自己，那是恒星核心的密集残余。然而，1930年，苏布拉马尼扬·钱德拉塞卡证明白矮星的最大质量约为太阳的1.4倍。俄罗斯物理学家列夫·兰道计算出一个类似的最大质量，适用于完全由中子构成的恒星。

那些质量大于白矮星或中子星最大质量的无数恒星，一旦耗尽了核燃料其命运将会如何？后来因原子弹成名的罗伯特·奥本海默研究了这个问题。1939年，他在和乔治·沃尔科夫与哈特兰·斯奈德合作的两篇论文中，证明了压力不可能支持这样的恒星。而如果人们忽视压力，均匀的球状对称的恒星就会收缩到一个无限密度的点。这样的点被称为奇点。我们所有的空间理论都是在基于时空是光滑的、几乎平坦的假设之上而表述的，所以它们在奇点处，即时空曲率无限处崩溃了。事实上，它标志着空间和时间本身的终结。这正是令爱因斯坦非常反感的东西。

然后第二次世界大战爆发了。包括罗伯特·奥本海默在内的大多数科学家，改为关注核物理，而引力坍缩问题基本上被遗忘了。随着被称为类星体的遥远天体的发现，对这个论题的兴趣又复活了。第一个类星体3C273于1963年被发现，许多其他类星体也很快相继被发现了。尽管它们远离地球，它们仍然很明亮。因为核过程作为纯粹的能量只释放出它们静止质量的一小部分，所以这无法解释它们的能量输出问题。唯一的替代解释是引力坍缩释放的引力能量。

恒星的引力坍缩被重新发现了。当发生这种情况时，物体的引力将其周围的所有物质向内吸引。很清楚，一个均匀的球状恒星将收缩到无限密度的一点，即奇点。但如果这颗恒星不是均匀的球状，将会发生什么呢？这种恒星物质的不对称分布是否会引起不均匀的坍缩，并避免出现奇点？在1965年的一篇引人注目的论文中，罗杰·彭罗斯证明，只要根据引力是吸引的这个事实，仍然会存在一个奇点。

爱因斯坦方程不能在奇点处定义，这意味着在这一具有无限密度的点上，人们无法预测未来。这意味着，只要一颗恒星坍缩就会发生奇怪的事情。如果奇点不是赤裸的，也就是说，它们对外界屏蔽的话，我们就不会受到预测崩溃的影响。彭罗斯提出了宇宙监督猜想：由恒星或其他天体坍缩而形成的所有奇点都隐藏在黑洞内部而不被看到。黑洞是引力太强以至于光线无法逃逸的区域。宇宙监督猜想几乎肯定是正确的，因为许多证伪它的尝试都失败了。

约翰·惠勒在1967年提出"黑洞"这个术语，它取代了早先的"冻星"这个名字。惠勒的新造词强调，坍缩恒星的残余本身就很有趣，和它如何形成无关。新名字很快就广为流行。

从外面看，你不能知道黑洞里面是什么。无论你投入什么，或者无论它如何形成，黑洞看起来都是一样的。约翰·惠勒由于以"黑洞无毛"来表达这个原理而闻名于世。

黑洞有一个被称为事件视界的边界。正是在这个地方，引力刚好强到足以将光线拖曳回来并防止它逃逸。因为没有东西可以旅行得比光快，所以其他一切也都会被拖曳回来。跌入事件视界有点儿像乘独木舟越过尼亚加拉大瀑布。如果你是在瀑布上方，要是你足够快速划桨离开，你可以逃脱落下的命运。但是一旦你越过边缘就会完蛋，根本无法返回。当你越来越接近瀑布时，水流就变得越来越急。这意味着，拉独木舟的前部的力比拉后部的力更强大，独木舟会有被拉断的危险。黑洞的情形也一样。如果你的脚首先跌入黑洞，引力拉你的脚比拉你的头更厉害，因为脚离黑洞更近。结果你的纵向被伸展，而横向被压扁。如果黑洞的质量是我们太阳的几倍大，在到达视界之前，你就会被撕裂，变成意大利面条。然而，如果你陷入了一个大得多的黑洞，其质量超过太阳的100万倍，那么作用到你整个身体的引力拉力将是相同的，你就会毫无困难地到达视界。所以，如果你想探索一个黑洞的内部，一定要选择一个大黑洞。在我们的银河系中心有一个黑洞，其质量约为太阳的400万倍。

尽管当跌入黑洞时，你不会注意到任何特别的东西，但是从远处看你的人永远不会看到你越过事件视界。相反的，你似乎会放慢速度并在外面盘旋。你的形象会越来越暗淡，越来越红，直到你实际上从视线中消失。就外部世界而言，你将永远逝去。

在我的女儿露西出生后不久，我有了一个尤里卡时刻。我发现了面积定理。如果广义相对论是正确的，并且物质的能量密度是正的，就像通常这种情况，那么事件视界，即黑洞的边界的表面积，具有当额外物质或辐射落入黑洞时总是增加的性质。此外，如果两个黑洞碰撞并合并成一个黑洞，则围绕被产生的黑洞的事件视界的面积大于围绕原先黑洞的事件视界的面积之和。面积定理可以通过激光干涉仪引力波天文台（LIGO）的实验测试。2015年9月14日，LIGO探测到来自两个黑洞的碰撞和合并的引力波。人们可以从波形估计黑洞的质量和角动量，并按照无毛定理确定视界面积。

这些性质暗示，在黑洞事件视界的面积和传统的经典物理学，特别是热力学中熵的概念之间存在相似之处。熵可以被视为对一个系统的混乱的测度，或者相当于对其精确状态的缺乏了解的测度。著名的热力学第二定律说，熵总是随着时间的推移而增加。这个发现是这个关键联系的第一个提示。

黑洞性质和热力学定律之间的类比可以被扩展。热力学第一定律说，一个系统的熵的微小变化伴随着该系统的能量的成比例变化。布兰登·卡特、吉姆·巴丁和我发现了一道类似的定律，它把黑洞质量的变化和视界面积的变化联系起来。这里的比例因子涉及一个被称为表面引力的量，它是在事件视界上的引力场强度的度量。如果人们接受事件视界的面积类似于熵，那么似乎表面引力类似于温度。事件视界上的所有点的表面引力都是相同的，这一事实使这个类似得到加强，正如处于热平衡的物体的温度处处相同一样。

尽管熵与事件视界的面积之间存在清楚的相似性，但该面积如何被确认为黑洞本身的熵对我们并非显而易见。黑洞的熵意味着什么？雅各布·贝肯斯坦于1972年提出了关键的建议，当时他是普林斯顿大学的一名研究生。该建议是这样的：当黑洞通过引力坍塌产生时，它迅速安定到一种静止状态，这种状态由质量、角动量和电荷这三个参数来表征。

这使得黑洞的最终状态似乎与坍缩的天体是由物质还是反物质组成，或者它是球状还是高度不规则形状无关。换句话说，给定质量、角动量和电荷的黑洞可由大量物质的不同配置中任何一个的坍缩而形成。这样看起来同样的黑洞可能是由大量的不同类型的恒星坍缩形成的。确实，如果忽略量子效应，由于黑洞本身可以由无限多的质量无限小的粒子云的坍缩形成，配置的数目将是无限的。但是，配置的数目真的可以是无限的吗？

众所周知，量子力学涉及不确定性原理。它断言，人们不可能同时测量任何物体的位置和速度。如果有人精确地测量某物的位置，那么它的速度就是不确定的。如果有人测量某物的速度，那么它的位置就是不确定的。在实践中，这意味着无法对任何东西进行局域化。假设你想要测量某物的大小，那么你需要找出这个移动物体终端的位置。你永远不能准确地做到这一点，因为它将涉及测量该物在同一时刻的位置及速度。由此，则无法确定一个物体的尺寸。由于不确定性原理，你不可能准确地说出某物的大小真正是多少。其结论是，不确定性原理对物体大小施加了限制。经过些微计算后，人们发现，对于一个物体的给定质量，存在一个最小的尺度。对于重物而言，这个最小尺度很小，但是当看到越来越轻的物体时，最小尺度变得越来越大。这个最小尺度可被认为是在量子力学中物体可以同时被认为是波或粒子的这一事实的结果。物体越轻，其波长越长，因此更加分散。物体越重，其波长越短，因此看起来更紧凑。当这些思想与广义相对论的思想相结合时，意味着只有比特定重量更重的物体才能形成黑洞。这个重量与一粒盐的重量大致相同。这些想法的进一步结果是，形成给定质量、角动量和电荷的黑洞的配置数目尽管可以非常大，但也还是有限的。雅各布·贝肯斯坦建议，从这个有限数目，人们可以解释黑洞的熵。这就是在创生黑洞的坍缩期间似乎无法挽回地丧失的信息量的测度。

贝肯斯坦建议显然的致命缺陷是，如果黑洞拥有与其事件视界的面积成比例的有限的熵，那么它也应该具有非零温度，该温度与其表面引力成比例。这意味着黑洞能与某一非零温度下的热辐射处于平衡。然而根据经典概念，不存在这样的平衡，因为黑洞会吸收落在它上面的任何热辐射，但根据定义不能够反过来发出任何东西。它不能发射任何东西，也不能发射热。

这就产生了有关黑洞——由恒星坍缩创造的令人难以置信的密集天体——的性质的一个悖论。一种理论建议，具有相同性质的黑洞可以由无限数目的不同类型的恒星形成。另一个建议说，这个数字可能是有限的。这是一个信息论问题——宇宙中的每个粒子和每个力都包含信息的思想。

因为正如科学家约翰·惠勒所说，黑洞无毛，除了它的质量、电荷和旋转，人们无法从外面说出黑洞内部是什么。这意味着，黑洞必须包含大量对外面世界隐藏的信息。但是能塞到一个空间区域的信息量有个极限。信息需要能量，而根据爱因斯坦著名的方程 $E=mc^2$，能量具有质量。所以，如果在一个空间区域存在太多信息，它将坍缩变成黑洞，而黑洞的大小会反映信息量的多少。这就像把越来越多的书籍堆进图书馆。最终，书架就会垮掉，图书馆就会坍缩成黑洞。

如果隐藏在黑洞内的信息的数量取决于黑洞的大小，人们从一般原则能预期到黑洞会有一个温度，并会像一块热的金属一样发光，但那是不可能的，因为正如每个人都知道的那样，没有任何东西可以摆脱黑洞。至少那时候都是这么认为的。

这个问题一直持续到1974年初，当时我正在根据量子力学来研究黑洞附近物质的行为。令我十分惊讶的是，我发现黑洞似乎以恒定的速度发射粒子。和当时的其他人一样，我接受了黑洞无法发出任何东西的定论。因此，我相当努力想摆脱这种令人尴尬的效应。但是我越深入思考，它越拒绝消失，最后我不得不接受它。最终让我确信这是一个真实的物理过程的原因是，向外飞离粒子的谱恰好是热的。我的计算预测，黑洞会产生并发射粒子和辐射，就好像它是一个普通的热体一样，其温度与表面引力成正比，与质量成反比。这使得雅各布·贝肯斯坦提出的那个有问题的建议，即黑洞拥有

　　　　　　　　黑洞中是什么？

有限的熵，完全自洽，因为它暗示黑洞可以在某个非零的有限温度下处于热平衡状态。

从那时起，其他许多人采用各种不同方法，证实了黑洞发出热辐射的数学证据。可以用以下的一种方法来理解黑洞发射。量子力学意味着整个空间充满了成对的虚的粒子和反粒子，这些粒子和反粒子不断成对出现、分离，然后再次聚集在一起，并相互湮灭。这些粒子被称为虚粒子，因为它们与真实粒子不同，所以不能直接用粒子探测器观察到。尽管如此，它们的间接影响仍然可以被测量到，而且已经由称为兰姆移位的小移动证实了它们的存在，兰姆移位是它们在来自受激氢原子的光的能谱中产生的。现在，在存在黑洞的情况下，一对虚粒子中的一个可能落入该黑洞中，而另一个失去了要与其相互湮灭的伙伴。被抛弃的粒子或反粒子可能在其伴侣之后也落入黑洞，但它也可能逃逸到无限远，在那里它就呈现为黑洞发出的辐射。

另一种看待该过程的方法是将落入黑洞的该对粒子的一员，比如说反粒子，视为真正的正在时间中向过去倒退的粒子。就这样反粒子落入黑洞可以算是作为从黑洞出来，但正在时间中向过去倒退的粒子。当该粒子到达该粒子–反粒子对原先出现的那一点时，它被引力场散射，这样它就在时间中向未来前进。一个太阳质量的黑洞会以如此缓慢的速率泄漏粒子，其速率无法被检测到。然而，可能会存在更小得多的迷你黑洞，比如具有一座山的质量。这些可能已经在极早期宇宙中形成，如果那时宇宙是混沌和无规的话。山岳大小的黑洞会发射X射线和伽马射线，其功率约为1 000万兆瓦，足以为世界供电。然而，利用迷你黑洞并不容易。你无法将它保存在发电站中，因为它会穿过地板掉落并最终结束于地球的中心。如果我们有这样的黑洞，保持它的唯一方法是让它在围绕地球的轨道上运行。

　　人们一直在寻找这种质量的迷你黑洞，但到目前为止还未找到。这太可惜了，因为，如果他们找到，我就会获得诺贝尔奖。然而，另一种可能性是我们可能在额外的时空维度上创造微小的黑洞。根据某些理论，我们所经历的宇宙只是十维或十一维空间中的四维面。电影《星际穿越》给出了一些有关这些思想的画面。我们看不到这些额外的维度，因为光不能通过它们传播，而只能通过我们宇宙的四个维度传播。然而，引力会影响额外的维度，并且比在我们的宇宙中强得多。这样在额外的维度上形成一个小黑洞可能会容易得多。有可能在瑞士CERN的LHC大型强子对撞机上观察到这一点。这包括一条27千米长的圆形隧道。两束粒子以相反的方向围绕该隧道行进并且被迫碰撞。一些碰撞可能会产生微黑洞。这些黑洞会以易于识别的模式辐射粒子。所以我终究可以获得诺贝尔奖[1]。

当粒子从黑洞中逃逸出来时，黑洞将失去质量并收缩。这将增大粒子的发射速率。最终，黑洞将失去其所有质量并消失。那么落入黑洞的所有粒子和不幸的宇航员会发生什么呢？当黑洞消失时，它们不能就那么重新出现。从黑洞中出来的颗粒似乎是完全随机的，并且和落进去的是什么无关。关于落进东西的信息，除了总质量和旋转量外，似乎都丢失了。但如果信息丢失，这引发了一个直击我们理解科学的核心的严重问题。200多年来，我们一直相信科学决定论。也就是说，科学定律决定了宇宙的演化。

如果信息真的丢失在黑洞中，我们就不能够预言未来。因为黑洞可以发射任何粒子集合，它可能放出一台正常工作的电视机或皮质精装版的莎士比亚的全集，尽管这种奇异发射的可能性非常低。它发出热辐射的可能性要大得多，正如炽热的金属发光。我们不能预言从黑洞会出来什么似乎无关紧要。我们附近毕竟没有任何黑洞。但这是一个原则问题。如果决定论，即宇宙的可预测性因黑洞而崩溃，它在其他情况下也可能崩溃。可能存在虚拟黑洞，它表现为偏离真空的涨落。虚拟黑洞吸收一组粒子，发射另一组粒子，并再次消失在真空中。甚至更糟糕的是，如果决定论崩溃，我们也就不能确定我们过去

1　诺贝尔奖不能在死后颁发，所以遗憾的是，这一志向永远不会实现。

的历史。历史书籍和我们的记忆可能只是幻想。正是过去告诉我们，我们是谁。没有它，我们就失去了自己的本我。

因此，确定信息是否确实在黑洞中丢失，或者在原则上是否可以恢复信息非常重要。许多科学家认为信息不应该丢失，但多年来没有人提出可以保持信息的机制。这种明显的信息丢失，被称为信息悖论，在过去的40年中一直困扰着科学家们，并且仍然是理论物理学中最大的未解决问题之一。

最近，随着关于引力和量子力学统一的新发现，已重新唤起人们对信息悖论的可能解决方案的兴趣。这些新近突破的核心是理解时空的对称性。

假设没有引力，而时空是完全平坦的。这就像一个完全没有特色的沙漠。这样的地方有两种对称。第一种称为平移对称性。如果你从沙漠中的一个点移动到另一个点，你就觉察不到任何变化。第二种是旋转对称性。如果你站在沙漠中的某个地方并开始转身，你再次觉察不到所见有何不同。这些对称性也是"平坦"时空，也就是在没有任何物质的时空中具有的对称性。

如果一个人把某物放进这个沙漠，这些对称性就会被打破。假设在沙漠中有一座山、一片绿洲和一些仙人掌，那么在不同的地方和不同的方向就显得不同。时空也是如此。如果人们把物体放入时空，平移和旋转对称性就被破坏。而放入时空的物体也就是产生引力的东西。

黑洞是时空的一个区域，那里的引力强大，时空被剧烈扭曲变形，所以人们可以预料它的对称性被打破。然而，当人们远离黑洞，时空的曲率就越变越小。在离开黑洞非常遥远的地方，时空看起来非常像平坦时空。

早在20世纪60年代，赫曼·邦迪、A.W.肯尼思·梅茨纳、M.G.J.范德堡和赖纳·萨克斯就有真正卓越的发现，远离任何物质的时空拥有称为超平移对称的无数集合。这些对称中的每一个都和被称为超平移荷的一个守恒量相关联。守恒量是不会随着系统的演化而改变的量。这些是人们更为熟悉的守恒量的推广。例如，如果时空不随时间变化，那么能量就守恒。如果时空在空间的不同点处看起来相同，则动量就守恒。

发现超平移的非凡之处在于远离黑洞之处存在无限数目的守恒量。正是这些守恒定律为引力物理中的过程提供了非凡和意想不到的洞察。

2016年，我和我的合作者马尔科姆·佩里和安迪·斯特罗明格一起努力将这些新结果及其相关的守恒量用于寻找信息悖论的可能解决方案。我们知道，黑洞的三个可辨识特性是它们的质量、电荷和角动量。这些是早已被理解的经典的荷。然而，黑洞还携带有超平移荷。因此，黑洞可能拥有比我们最初以为的要多得多的荷。它们并不是秃头或只有三根毛，实际上有非常大量的超平移的毛。

这些超平移毛可能会编码有关黑洞内部有什么的一些信

息。这些超平移荷可能不包含所有信息，但其余的可能会由一些额外的守恒量，超旋转荷来解释，后者与称为超旋转的某些额外相关的对称相关联，然而，对于它们我们还理解得不太透彻。如果以上所叙是对的，而关于黑洞的全部信息可以按照它的"毛"来理解，那么信息也许没有损失。这些想法刚刚被我们最近的计算所确认。斯特罗明格、佩里和我以及研究生萨沙·哈科已经发现这些超旋转荷也许可以解释任何黑洞的全部的熵。量子力学继续成立，而信息存储在视界，即黑洞表面上。

黑洞仍然只由它们的整体质量、电荷和事件视界外的旋转来表征，但事件视界本身以某种方式，包含除了黑洞拥有的这三个特征外有关落进的东西的信息。人们还在研究这些问题，因此信息悖论仍未解决。但我对此很乐观，我们正趋向解决这个悖论。请关注此领域的进展。

黑洞中是什么？

对于太空旅行者，跌入黑洞是否为坏消息？

"绝对是坏消息。如果它是一个恒星质量的黑洞，你会在到达视界之前被制成意大利面。另一方面，如果它是一个超大质量的黑洞，你将轻松地越过视界，但在奇点处被毁灭。"

6 Is time travel possible?

时间旅行
可能吗？

在科幻小说中，空间和时间弯曲可谓司空见惯。它们用于在银河系周围快速旅行或穿越时间。不过今天的科幻小说通常是明天的科学事实。那么时间旅行的可能性如何？

空间和时间可以弯曲或扭曲的想法是很近代时才出现的。2 000多年来，欧几里得几何学的公理被认为是不言而喻的。正如那些被迫在学校学习几何学的人所记得的那样，这些公理的推论之一是三角形的内角和是180度。

然而，在20世纪，人们开始意识到可能存在其他形式的几何，其中三角形的内角和不必是180度。例如，考虑一下地球表面。在地球表面上最接近直线的就是所谓的大圆。它们是两点之间的最短路径，因此也是航空公司使用的路线。现在考虑地球表面上的三角形，它是由赤道、通过伦敦的0度经线和通过孟加拉国的东经90度经线组成。这两条经度线以直角或90度与赤道相遇。这两条经线也在北极呈直角，或90度相遇。因此这是一个三个直角的三角形。这个三角形的内角和是270度，这显然比平面上的三角形的180度更大。如果一个人在马鞍形面上画了一个三角形，就会发现其内角和小于180度。

地球表面就是所谓的二维空间。也就是说，你可以在地球表面上相互成直角的两个方向上移动，你可以在南北或东西方向移动。不过当然存在与这两个方向成直角的第三个方向，那是上升或下降的方向。换句话说，就是地球表面存在于

　　　　　　　　时间旅行可能吗？

三维空间中。该三维空间是平坦的，也就是说它服从欧几里得几何——三角形的内角和为180度。然而，人们可以想象一种二维动物，它们可以在地球表面上运动，但不能体验向上或向下的第三个方向。它们不会知道地球表面所处的平坦三维空间。对于它们来说，空间将是弯曲的，而几何将是非欧几里得的。

但正如人们可以想到二维生物生活在地球表面一样，人们可以想象我们所居住的三维空间是在我们看不到的另一个维度中的球体表面。如果球体非常大，则空间几乎是平坦的，欧几里得几何在小距离上是非常好的近似。但是我们会注意到欧氏几何在很远的距离上会失效。作为它的一个图解，想象一群油漆工往一个大球的表面添加油漆。

随着涂料层厚度的增加，表面积会增加。如果球是在一个平坦的三维空间中，人们可以无限地添加油漆，并且球会变得越来越大。然而，如果三维空间确实是另一个维度的球体表面，那么它的体积会很大但是有限。随着人们添加更多的涂料层，球最终会填充一半的空间。在那之后，油漆工会发现他们被困在一个尺度不断缩小的区域中，几乎整个空间都会被这球和它的油漆层占据。所以他们会知道自己生活在弯曲的空间而不是平坦的空间中。

这个例子表明人们无法像古希腊人认为的那样，从第一原理出发推断出世界的几何。相反，我们必须测量我们居住的空间，通过实验找出它的几何形状。然而，虽然早在1854年德国人波恩哈德·黎曼就发展了一种描述弯曲空间的方法，但它在60年间仍然只是一门数学。它可以描述存在于抽象中的弯曲空间，但似乎没有理由认为我们生活其中的物理空间应该是弯曲的。只到1915年爱因斯坦提出广义相对论后，这个理由才出现。

广义相对论是一场重大的智慧革命，它变革了我们对宇宙的思考方式。它不仅是弯曲空间的理论，也是弯曲或翘曲的时间的理论。爱因斯坦在1905年就意识到空间和时间彼此密切相关，那是当他的狭义相对论诞生之时，狭义相对论使得空间和时间相互关联起来。人们可以将一个事件的位置由四个数字表示。三个数字描述事件的位置。它们可能是从牛津广场往北和往东以及高于海平面的英里数。在更大的尺度，它们可能是银河系的纬度、经度和到银河系中心的距离。

第四个数字是事件发生的时间。从而人们可以将空间和时间视为一个四维的称为时空的实体。时空的每一点由四个数字标记，指定其在空间和时间中的位置。如果只能够以一种特定的方式分解空间和时间，那么这种将空间和时间结合成时空的方式将是相当平常的。也就是说，只有某种特定的方式来定义每个事件的时间和位置。然而，1905年当爱因斯坦担任瑞士专利局职员时，他在一篇非凡的论文中证明了，一个人认为事件发生的时间和地点取决于他或她如何运动。

这意味着时间和空间彼此密不可分。

如果不同观察者不做彼此相对运动，则他们指定给事件的时间将是一致的。但是他们的相对速度越快就越不一致。因此，人们可以问，一个人需要运动多快，才能做到相对于一个观察者在时间中前进，而相对于另一个观察者在时间中倒退。答案在下面的打油诗中给出：

有位名叫怀特的姑娘

旅行速度赛过了光

她在某天出发

却凭相对论到达

出发前一天的晚上

所以我们做时间旅行只需一艘走得比光还快的宇宙飞船。不幸的是，在同一篇论文中爱因斯坦还证明了，宇宙飞船的速度越接近光速，对它进行加速所需的火箭功率就越来越大。因此，它需要耗费无限的功率才能被加速到超过光速。

爱因斯坦1905年的论文似乎排除了回到过去的时间旅行的可能性。它还表明空间旅行到其他恒星将是一个非常缓慢和乏味的事。如果一个人不能比光走得更快，那么从我们到最近的恒星来回之旅至少需要8年，而到银河系中心约需5万年来回。如果宇宙飞船以非常接近光速的速度飞行，对在船上的人而言，到银河系中心也许只用了几年时间。但那实在没什么值得安慰的，因为当你返回时，你认识的所有人都早已在几千年前死去并被遗忘。这也不是科幻小说的好题材，所以作家们不得不寻找摆脱这种困难的办法。

1915年，爱因斯坦展示了引力的效应可被描述为时空被其中的物质和能量所弯曲或扭曲，而这个理论被称为广义相对论。我们可以从光或者射电波在太阳附近掠过时被稍微偏折的现象中，实际观测到太阳质量引起的时空弯曲。

当太阳位于地球和源之间时，会导致恒星或射电源的表观位置略微移动。移动非常小，大约千分之一度，相当于一英里距离的一英寸移动。尽管如此，它还是可以被非常精确地测量，并且与广义相对论的预测一致。我们有实验证据表明空间和时间是弯曲的。

因为太阳系中的所有引力场都很弱，所以我们附近的弯曲量非常小。然而，我们知道可能会发生很强的场，例如在大爆炸或黑洞中。那么空间和时间是否能被弯曲到足够程度，以满足科幻对超空间引擎、虫洞或时间旅行等方面的需要？乍一看似乎所有这些都是可能的。例如，1948年，库尔特·哥德尔找到了爱因斯坦广义相对论场方程的一个解，它代表了一个所有物质都在旋转的宇宙。在这个宇宙中，你可以乘宇宙飞船出发，而在出发前回来。哥德尔曾在普林斯顿高级学术研究所工作，爱因斯坦也在那里度过了他的晚年。哥德尔名震天下的原因是他证明了，即使在像算术这样一个看似简单的学科中，你也无法证明所有真的命题。不过他证明了广义相对论允许时间旅行，这真的让爱因斯坦感到不安，爱因斯坦早先认为这是不可能的。

我们现在知道哥德尔的解无法代表我们生活其中的宇宙，因为它不在膨胀。此外，此解中称为宇宙常数的量具有相当大的值，而一般我们相信其数值很小。但是，从那以后允许时间旅行的显然更合理的一些解被发现了。从弦理论的方法出发，可以得到一个特别有趣的解，它包含两道以非常接近但略低于光速的速度彼此滑动而过的宇宙弦。宇宙弦是理论物理学的一个非凡的想法，科幻作家们似乎还未能领略其奥妙。正如它们的名字所暗示的那样，它们像弦一样，拥有长度，但横截面很小。实际上它们更像橡皮筋，因为它们承受巨大的张力，诸如十万亿亿亿吨。把一根宇宙弦系到太阳上仅用三十分之一秒就能把它从零加速到每小时60英里。

宇宙弦可能听起来很牵强，像纯粹的科幻，但有很好的科学理由相信它们可在大爆炸后不久的极早期宇宙中形成。因为它们是处在这样大的张力之下，人们可以预料到它们被几乎加速到光速。

哥德尔宇宙和快速运动宇宙弦时空的共同点就是它们一开始就如此变形和弯曲，时空曲折地回到自身，并始终可能旅行到过去。也许上帝本可以创造这样一个弯曲的宇宙，但我们没有理由认为他真这么做了。所有证据都表明宇宙始于大爆炸，没有允许旅行进入过去所需的弯曲。由于我们不能改变宇宙开始的方式，时间旅行是否可能的问题就变成，我们是否可以随后使时空如此弯曲，以至于人们可以回到过去？我认为这是一个重要的研究课题，但必须注意不要被标记为怪物。如果有人申请研究补助来研究时间旅行，它将立即被驳回。任何政府机构都不许把公共资金花费在任何像时间旅行这么异端的项目上。相反，人们必须使用技术术语，如闭合时间曲线，作为时间旅行的代名词。然而，这是一个非常严肃的问题。由于广义相对论可以允许时间旅行，那在我们的宇宙中允许吗？如果不允许，那又为什么呢？

与时间旅行密切相关的是从太空中的一处快速运动到另一处的能力。正如我以前说过的，爱因斯坦证明，需要无限的火箭能量才能将宇宙飞船加速到超光速。因此，在合理的时间内从银河系的一侧到达另一侧的唯一方法似乎是我们将时空弯曲到足够程度，从而制造出一个小管或虫洞。这可以连接银河系的两侧并充当从一侧到另一侧的近路，在你返回时，你的朋友还活着。人们非常认真地暗示这种虫洞可在未来文明的能力范围内实现。不过，如果你可以在一两个星期内从银河系一边旅行到另一边，你就能够通过另一个虫洞返回，并在你出发之前到家。你甚至可以设法用一个虫洞在时间中旅行到过去，如果它的两端彼此相对运动的话。

人们可以证明，创造一个虫洞需要以与正常物质弯曲时空相反的方式来弯曲它。普通物质将时空向自身弯曲，使之像地球表面一样。然而，要创建一个虫洞，就需要物质以相反的方式弯曲时空，使之像马鞍面一样。如果宇宙开始时并没有弯曲到允许时间旅行，那么对于弯曲时空使之能允许旅行到过去的任何其他方式，这同样成立。人们需要的是拥有负质量和负能量密度的物质，得以使时空以所需的方式弯曲。

能量和金钱相当像。如果你有正的银行存款余额，你可以通过各种方式分发。但是，根据直到不久前还被人相信的经典定律，你不允许透支能量。因此，这些经典定律将排除我们以允许时间旅行所需的方式弯曲宇宙的可能性。然而，经典定律被量子理论推翻了，量子理论是除了广义相对论之外我们的宇宙图景的另一次伟大革命。量子理论更加放松，允许你对一两个账户透支，只要银行那么通融的话。换句话说，量子理论允许能量密度在某些地方是负的，倘若它在其他地方是正的。

量子理论允许能量密度为负的原因在于它是基于不确定性原理。这表示某些量，诸如粒子的位置和速度，不可以都具有明确定义的值。一个粒子的位置定义得越精确，其速度的不确定性就越大，反之亦然。不确定性原理也适用于电磁场或引力场等领域。这意味着即使在我们认为是空的空间中，这些场也不能精确为零。因为如果它们精确为零，那么它们的值将具有明确定义的零位置和明确定义的速度，该速度也为零。这将违反不确定性原理。相反，这些场必须具有一定的最小涨落量。人们可以将这些所谓的真空涨落解释为，粒子和反粒子对突然一起出现，分开然后再一起回来，并相互湮灭。

这些粒子和反粒子对被称为是虚拟的，因为人们不能用粒子探测器直接测量到它们。但是，人们可以间接地观察它们的影响，其中一种方法是所谓的卡西米尔效应。想象一下，你有两块平行的相距很近的金属板，板的作用就像虚的粒子和反粒子的镜子。这意味着板之间的区域有点像一个风琴管，只会允许光波的某些共振频率。结果是板之间的真空涨落或虚粒子的数量与在它们外面的数量略有不同，而在外面，真空涨落可有任意波长。板块之间与外部的虚粒子数量相比的差异意味着，它们在板的一侧与另一侧不会施加相同的压力。因此存在将板推到一起的轻微的力，这个力已被实验测量到。所以，虚粒子实际存在并产生真实效应。

因为板之间的虚粒子或真空涨落较少，它们相比外面区域拥有较低的能量密度。但远离板的空虚空间的能量密度必须为零，否则它会弯曲时空，而宇宙就不会是几近平坦的。因此，板之间区域的能量密度必须为负的。

这样，我们从光的偏折中获得了实验证据，即时空是弯曲的，并且卡西米尔效应证实我们可以在负方向上弯曲它。因此，看起来随着我们在科学和技术方面的进步，我们也许能够构建虫洞或以其他方式弯曲空间和时间，从而能够旅行到我们的过去。如果这种情况发生，就会引发一大堆疑问和问题。其中之一就是如果将来可以进行时间旅行，为什么还没有人从未来回来告诉我们该怎么做。

即使有充分的理由让我们处于无知之中，根据人性使然，很难相信有人不会炫耀并告诉我们这些无知之人关于时间旅行的秘诀。当然，有些人会声称我们已经被未来的客人访问过。他们会说，不明飞行物来自未来，政府正忙于进行一场巨大的阴谋来掩盖它们，并自己保留这些游客带来的科学知识。我能说的只是，如果政府隐藏某些东西，他们在从外星人身上提取有用信息方面做得很差。我对阴谋论相当怀疑，因为我相信更可能是荒唐的理论。关于不明飞行物的目击报告不能都是外星人引起的，因为它们是相互矛盾的。但是，一旦你承认了一些是错误或幻觉，它们全都如此的可能性难道不比从未来，或从银河系的另一边来的人访问我们的可能性更大吗？如果他们真的想要殖民地球或警告我们某些危险，那么他们相当无效率。

一种可能协调时间旅行与我们似乎从未见过任何来自未来的访客这一事实的办法，一方面，是说这种旅行只能发生在将来。根据这个观点，人们会说时空在我们过去是固定的，因为我们观察过它，而且看到它没有足够的弯曲允许旅行到过去。另一方面，未来是开放的。所以我们也许能够将它弯曲得足以允许时间旅行。不过因为我们只能在未来弯曲时空，我们无法旅行回到现在或更早。

这个设想可以解释为什么我们没有被来自未来的游客淹没。但它仍然会留下大量的悖论。假设有可能搭乘火箭飞船出发，而且在你出发前已经回来。有什么办法会阻止你预先炸毁在发射台上的火箭或以其他方式阻止你自己出发？还有这个悖论的其他版本，比如在你出生之前回去杀死你的父母，但它们基本上是等同的。似乎有两种可能的解决方案。

一种是我称之为协调历史的方法。它说人们必须找到物理方程的协调的解，即使时空弯曲到可能旅行到过去。在这个观点中，除非你已经回来并且未能炸毁发射台，否则你无法乘火箭飞船出发以回到过去。这是一个协调的图景，但这意味着我们是完全被决定的，我们无法改变我们的意向。自由意志就这么多。

另一种可能性是我称之为选择历史的方法。物理学家大卫·多伊奇一直支持推动这个设想，它似乎也是《回到未来》的创作者默认的。这个观点认为，在一个选择历史中，在火箭出发之前不会有来自未来的任何回归，因此没有被炸毁的可能性。不过当旅行者从未来返回时，他会进入另一个选择历史。在这种情况下，人类为建造太空飞船做出了极为巨大的努力，但就在它即将发射之前，一个类似的太空飞船从银河系的另一侧出现并将自己摧毁。

大卫·多伊奇声称从物理学家理查德·费曼提出的历史求和概念中得到对选择历史方法的支持。其思想是，根据量子理论，宇宙并不仅仅存在一个独特的单一历史。相反，宇宙拥有每一个可能的历史，每个历史都有其概率。一定存在这样一个可能的历史，中东有持久的和平，虽然也许概率很低。

在某些历史中，时空会如此弯曲，诸如火箭这样的物体将能够旅行到它们的过去。但每个历史都是完整而自足的，不仅描述弯曲的时空，还描述时空中的物体。所以当火箭再绕一圈回来，它不能转移到另一个选择历史。它仍然在同一历史中，该历史必须自我一致。因此，尽管多伊奇有他的想法，我还是认为历史求和的思想支持协调历史假设，而不是选择历史的思想。

因此，我们似乎只好坚持协调历史的图景。但是，如果时空被如此弯曲，以至于在宏观区域可能进行时间旅行的历史的概率非常小，那么这不需要涉及决定论或自由意志的问题。这就是我所说的时序保护猜想：物理定律合谋防止在宏观尺度上的时间旅行。

发生的事情似乎是，当时空被弯曲至几乎足以允许旅行到过去时，虚粒子则沿着封闭的轨迹几乎可以成为真正的粒子。虚粒子的密度和它们的能量变得非常大。这意味着，这些历史的概率非常低。这样，似乎可能存在时序保护机制，它使世界对历史学家而言是安全的。但是这个空间和时间弯曲的课题仍然处于起步阶段。根据被称为M理论的弦理论的统一形式，这是我们统一广义相对论和量子理论的最佳希望，时空应该有十一个维度，而不仅仅是我们经历的四个维度。该思想是，这十一个维度中的七个被蜷缩成一个小到我们觉察不到的空间，另一方面，剩下的四个方向相当平坦，正是我们称之为时空的东西。如果这个图景是正确的，那么也许可以安排四个平坦方向去混合七个高度弯曲或翘曲的方向。这会引起什么我们还不知道。但它打开了激动人心的可能性。

总之，根据我们目前的理解，不能排除快速太空旅行和在时间中旅行回去。它们会造成很大的逻辑问题，所以让我们希望存在时序保护定律，以阻止人们回去杀害他们的父母。但科幻迷们不必灰心，在M理论中还有希望。

为时间旅行者举办派对有意义吗？
你期待会有人出席吗？

"2009 年，在我的剑桥龚维尔和基斯学院，我为了一部关于时间旅行的电影，为时间旅行者举办了一个酒会。为了确保只有真正的时间旅行者来，直到聚会结束后，我才发出邀请。在聚会的那天，我坐在学院里期盼，但没有人来。我很失望，但并不感到惊讶，因为我已经证明，如果广义相对论是正确的，能量密度是正的，那么时间旅行是不可能的。如果我的一个假设被证明是错误的，我会很高兴。"

7 Will we survive
   on Earth ?

我们能在地球上
存活吗？

《原子科学家公报》是由一些曾参与曼哈顿计划制造第一颗原子弹的物理学家创办的一份期刊。2018年1月，它将世界末日时钟拨到午夜前2分钟，该钟是他们对我们行星所面临的军事或环境灾难的紧迫性测度。

该时钟有一段有趣的历史。它始于1947年，当时原子时代刚刚开始。曼哈顿计划的首席科学家罗伯特·奥本海默在两年前，也就是1945年7月发生的第一次原子弹爆炸事件时说道："我们知道世界将从此不同。有人笑了，有人哭了，大多数人沉默了。我记得出自印度教经文《博伽梵歌》中的一句，'现在我成为死神，世界的毁灭者'。"

1947年，时钟最初被设定为午夜前7分钟。除了20世纪50年代初的冷战开始时，现在比那时起的任何时候都更接近世界末日。当然，末日时钟及其移动完全是象征性的，但我觉得有必要指出，必须认真对待其他科学家发出这样惊人的警告，它至少部分是由于唐纳德·特朗普的获选引发的。末日时钟，时间在消逝或者甚至人类面临末日的思想，是现实还是危言耸听？它的警告是否及时，或是纯粹浪费时间？

我对时间有非常个人的兴趣。首先，在科学界以外，我出名的主要原因是我那部名为《时间简史》的畅销书。有些人可能会以为我是时间专家，当然如今专家的名声并不都好。其次，作为一个21岁即被告知只有5年可活的人，在2018年已经76岁了——我是在另一种意义上的时间专家，亲身经历的专家。我很不舒服地敏锐地意识到时间的流逝，而且在我的大部分生命中都会感受到，正如他们所说的，我获得的时间是借来的。

毫无疑问，在政治上，现在我们的世界比我记忆中的任何时候都更不稳定。大量的人感到在经济和社会方面都被抛弃了。结果，他们转向民粹的——或者至少俘获人心的政客，这些人行政经验有限，在危机中做出冷静决定的能力尚未经受考验。由于莽撞或恶意的力量促使末日之战的前景陡增，因此这意味着世界末日时钟应该更接近临界点。

地球受到许多领域的威胁，我很难乐观。威胁实在太大太多。

首先，地球对我们而言变得太小了。我们的物质资源正以惊人的速度消耗殆尽，我们向地球呈上气候变化的灾难性礼物。气温上升、极地冰盖减少、森林砍伐、人口过多、疾病、战争、饥荒、缺水和动物物种毁灭，这些都是可以解决的，但到目前为止还未解决。

全球变暖是由我们所有人造成的。我们想要汽车、旅行和更好的生活标准。麻烦在于，当人们意识到正在发生的事情时，可能为时已晚。当我们站在第二个核时代的边缘，面临一个前所未有的气候变化时期，科学家们特别有责任再次向公众宣传并提醒领导者人类面临的危险。作为科学家，我们理解核武器的危险及其毁灭性的效应，我们也了解到人类活动和技术如何正在以可能永远改变地球上的生命的方式影响气候系统。作为世界公民，我们有责任去分享这些知识，并提醒公众警觉我们每天遭遇的不必要风险。如果政府和社会现在不采取行动，去淘汰核武器并防止气候进一步恶化，我们就面临着非常巨大的危险。

与此同时，就在我们的世界正面临一系列关键环境危机的时刻，许多政客还在否认人为造成的气候变化的现实，或至少否认人类有扭转它的能力。危险在于，全球变暖可能会变成自持续的，如果还没有变成这样的话。北极和南极冰盖的融化减少了反射回太空的太阳能，因此会进一步提高温度。气候变化可能彻底毁灭亚马孙和其他热带雨林，从而失去从大气中除去二氧化碳的一种主要方式。海水温度上升可能会引发二氧化碳大量释放。这两种现象都会增加温室效应，使全球变暖加剧。这两种效应都可以使我们的气候变得像金星的气候，酷热和下硫酸雨，温度为250摄氏度。人类的生命将不能维持。我们需要超越1997年通过的国际协议《京都议定书》，并立即减少碳排放。我们拥有这个技术。我们只需要政治意愿。

我们可以是无知、不思考的群氓。当我们在历史上遇到类似的危机时，通常会去其他地方殖民。哥伦布于1492年发现了新世界时这么做了，但现在没有新世界。附近没有乌托邦。我们的空间已经不多了，唯一可去的地方是其他世界。

宇宙是一个暴烈的地方。恒星吞没了行星，超新星在太空中发射致命射线，黑洞相互撞击，小行星每秒疾驶数百英里。我承认，这些现象并未让空间听起来非常诱人，但这些正是我们要冒险进入太空而非原地不动的原因。我们无法防御小行星碰撞。我们最后一次大碰撞大约发生在6 600万年前，人们认为恐龙因之灭绝，而它将再次发生。这不是科幻小说，它受物理定律和概率的保证。

核战争仍可能是当下人类最大的威胁。这是我们几乎忘记了的危险。俄罗斯和美国都不再好战，但是假设发生了事故，或恐怖分子掌握这些国家仍然拥有的武器呢？越多国家获得核武器，风险就越大。即使在冷战结束之后，仍有足够重复数次杀死我们所有人的核武器库存，而新的核国家会增加不稳定性。随着时间的推移，核威胁可能会减少，但其他威胁会发展，所以我们必须保持警惕。

无论如何，我认为以下灾难几乎是不可避免的，无论是核对抗还是环境灾难将在接下来的1 000年中的某一时刻使地球瘫痪，1 000年用地质年代衡量只是眨眼瞬间。在此之前，我希望并相信，我们的智巧的种族将会找到一种方法，摆脱地球险恶的羁绊，并在灾害后幸存下来。当然栖居在地球上的数百万其他物种可能做不到，这将使我们作为整个种族而良心不安。

我认为我们正不顾危险地冷漠对待自己在地球上的未来。

目前，我们无处可去，但从长远来看，人类不应该把所有的鸡蛋都放在一个篮子里，或者放在一个行星上。我只希望在学会如何逃离地球之前，能避免篮子摔下。但我们天生就是探险家，受着好奇心的激励。这是一种独特的人类素质。正是这种好奇心驱动让探险家们发现地球不是平坦的，而正是同样的天性将我们在想象中瞬刻送到恒星，促使我们要实际去那里。每当我们进行一次新的大飞跃，例如登月，我们就会提升人性，将个人与民族团结在一起，开始引领新的发现和新技术。离开地球需要协调一致的全球手段——每个人都应该参与。我们需要重新点燃20世纪60年代早期太空旅行的激情。这项技术几乎快被我们掌握在手中。现在是探索其他太阳系的时候了。到太空去可能是唯一可以从我们自己制造的灾难中自我拯救的办法。我确信人类需要离开地球。如果我们留下来，就有被歼灭的危险。

●

那么，除了我对太空探索的希望之外，未来会是什么样子的，以及科学可以如何帮助我们呢？

在诸如《星际迷航》的科幻系列中展示了未来科学的流行图景。《星际迷航》的制作人甚至说服我参加，这并没有那么难。

那次出演非常有趣，不过我之所以说到它是为了提出一个严肃的观点。从 H.G. 韦尔斯开始，给我们展现的所有的未来场景几乎基本上都是静态的。它们展示了一个科学、技术和政治组织在大多数情况下远比我们先进的社会。（最后这点也许并不困难。）从现在到那时必将发生许多伟大的变化，并伴随着紧张和不安。但是，到向我们展现的未来时，科学、技术和社会组织预期会达到一个近乎完美的水平。

我质疑这个图景，并询问我们是否会到达科学技术的最终稳定的状态。自上次冰河时期以来的一万年左右的时间里，人类从未处于恒定知识和固定技术的状态。历史上有过一些挫折，诸如在罗马帝国崩溃之后，我们曾经称为黑暗时代一样。但世界人口，作为衡量我们保持生命并养活自己的技术能力的标准一直在稳步上升，其中伴随着诸如黑死病时期的一些短暂停顿。在过去的 200 年里增长有时呈指数式 —— 世界人口从 10 亿跃升至约 76 亿。在近代，技术发展的其他测度是电力消耗或科学文章的数量。它们也表现出近指数增长。的确，我们现在的期望值非常高，某些人甚至感到被政客和科学家所欺骗，因为我们尚未达到未来的乌托邦远景。例如，电影《2001：太空漫游》向我们展示了一个月球基地并发射了一个载着男人，或者我应该说，载人的到木星的飞行器。

没有任何迹象表明科学和技术发展在不久的将来会急剧减缓和停止。到《星际迷航》的时刻肯定不会，那距离我们只有350年左右。但在下一个千年不可能继续目前的增长率。到2600年，世界人口密度将达到擦肩摩踵的程度，电力消耗将使地球焕发红热。如果你把正在出版的新书叠加在一起，按照目前的生产速度，你必须以每小时90英里的速度运动才能恰好跟上书列的末端。当然，到2600年，新的艺术和科学工作将以电子形式出现，而不是实物的书籍和论文。尽管如此，如果指数增长继续下去，我这一类的理论物理学将会每秒出10篇论文，人们根本没有时间阅读它们。

很清楚，目前的指数增长不能无限期地持续下去。那将会发生什么？一种可能性是，我们将通过诸如核战争之类的灾难来消灭自己。即使我们不完全摧毁自己，我们也有可能会陷入残酷和野蛮的状态，就像《终结者》的开场。

我们在下一个千年将如何发展科学和技术？这很难回答。但是，让我冒险为未来提出我的预测。关于下一个百年我还有一些机会预测成功，但千年的其余部分将是疯狂的猜测。

我们对科学的现代理解大约始于欧洲人到北美定居的时期，而到19世纪末，似乎我们即将完成根据现在被称为经典定律对宇宙的理解。但是，正如我们见到的，在20世纪，人们开始观察到，能量以称为量子的离散的包的形式出现，而马克斯·普朗克和其他人表述了一种称为量子力学的新理论。这呈现了一幅完全不同的现实图景，在该图景中，事物不具有一个独特的历史，但拥有每种可能的历史以及各自的概率。

当人们研究到单个粒子时，粒子的可能历史必须包括那些旅行得比光更快，甚至可以在时间中返回的路径。然而，这些在时间中回溯的路径不仅像天使在别针上跳舞一样，他们还有真实的观察后果。甚至我们以为空虚的空间也充满了在空间和时间中的闭环上运动的粒子。也就是说，在循环的一侧它们在时间中向未来运动，而在另一侧在时间中向过去运动。

尴尬的是，因为在空间和时间中有无数个点，所以有无数个可能的闭合粒子环。而无数个闭合的粒子环将具有无限的能量，并且将空间和时间卷曲到单个点。甚至连科幻小说都没有想到像这样怪异的东西。处理这种无限的能量需要一些非常有创见的策略，过去20年间理论物理学的大部分工作一直在寻找一种理论，在这种理论中，空间和时间的无限数量的闭环完全相互抵消。只有这样，我们才能将量子理论与爱因斯坦广义相对论统一起来，并获得宇宙基本定律的一个完备理论。

我们在下一个千年发现这一完备理论的前景如何，我愿说前景非常好，不过我是一个乐观主义者。1980年，我说我认为在接下来的20年里我们有50％的机会发现一个完备的统一理论。自那时以来，我们在这一时期取得了一些显著的进步，但最终的理论看起来差不多还是这么远。我们将永远也够不着物理学的圣杯吗？我不这么认为。

在20世纪初，我们理解在经典物理尺度上的自然的行为，也就是说，经典物理到大约百分之一毫米时仍然成立。20世纪前30年关于原子物理学的研究使我们能理解低至百万分之一毫米的长度。从那以后，核能和高能物理学的研究把我们带到了十亿分之一的更小长度尺度。似乎我们可以永远继续下去，发现越来越小长度尺度的结构。但是，这个系列有一个极限，正如一系列嵌套的俄罗斯娃娃。最终得到一个最小的娃娃，就再也不能拆开。在物理学中，最小的玩偶被称为普朗克长度，是一毫米除以一亿亿亿亿。我们不打算建立可以探测那么小距离的粒子加速器。它们必须比太阳系还大，而且在目前的财政环境下，它们不太可能获得批准。但是，我们理论的一些推论，可以通过更适度得多的机器来检测。

在实验室里不可能探测到普朗克长度，虽然我们可以研究大爆炸以获得比我们在地球上能达到的更高的能量下和更短的长度尺度的观察证据。然而，在很大程度上，我们必须依靠数学美和一致性来找到万物的终极理论。

鉴于我们对制约宇宙的基本定律的了解，我们有可能会实现《星际迷航》那种先进但基本上静态水平的未来远景。但我认为我们在使用这些定律时永远不会达到稳定状态。终极理论不会对我们可以产生的系统的复杂性施加任何限制，而且我认为下一个千年的最重要的发展正是在这种复杂性中。

到目前为止，我们拥有的最复杂的系统是我们自己的身体。生命似乎起源于40亿年前覆盖地球的原始海洋。我们不知道这是怎么发生的。可能是原子之间的随机碰撞构建了高分子，这些高分子可以自我复制并将它们自身组装成更复杂的结构。我们确切知道的是，在35亿年前，出现了高度复杂的分子DNA。DNA是地球上所有生命的基础。它有一个双螺旋结构，就像一个螺旋楼梯，这是由弗朗西斯·克里克和詹姆斯·沃森于1953年在剑桥卡文迪什实验室发现的。双螺旋的两条链通过核酸的碱基对连接，就像螺旋楼梯的踏板。有四类核酸，其碱基分别是胞嘧啶、鸟嘌呤、腺嘌呤和胸腺嘧啶。不同的核酸沿螺旋楼梯的顺序携带遗传信息，这使DNA分子能够组装它周围的有机体并自我繁殖。当DNA制作自己的副本时偶尔也会将沿着螺旋的核酸顺序弄错。在大多数情况下，复制中的错误都会使DNA无法自我繁殖，这种遗传错误，或者称为突变，将会消亡。但在一些情况下，错误或突变会增加DNA存活和繁殖的机会，从而核酸序列中的信息内容会逐渐演化并增加复杂性。另一位剑桥人，查尔斯·达尔文于1858年首先提出了这种突变的自然选择，虽然他不知道它的机制。

因为生物进化基本上是在所有遗传可能性的空间中的随机行走，它一直非常缓慢。在DNA中编码的信息的复杂性或比特数，大致取决于分子中的核酸数量。每一比特信息可以被认为是对一个是/非问题的答案。在最早的20亿年左右的复杂性的增加率应是大约每百年一比特数量级的信息。过去几百万年DNA复杂性的增加率逐渐上升到约一年一比特。但现在我们正处于一个新时代的开端，我们可以不必等待生物进化的缓慢过程而增加我们DNA的复杂性。在过去的一万年里人类DNA的变化相对较小。但我们很可能在下一个千年间完全重新设计它。当然，很多人会说必须禁止对人类实施遗传工程。但我宁愿怀疑他们是否能够阻止住。由于经济原因对植物和动物进行基因编辑能被允许，有人肯定会对人类进行尝试。除非我们拥有极权世界秩序，否则有人定会在某处设计出改良的人种。

显然，相对于未经改善的人种，发展改良的人种将引起巨大的社会和政治问题。我并非提倡人类遗传工程，也不认为它是一件好事，我只是说无论我们是否想要，它都可能在下一个千年发生。这就是为什么我不相信像《星际迷航》的科幻，那里面的未来350年后的人基本没变。我认为人类，还有它的DNA，将非常迅速地增加其复杂性。

在某种程度上，如果人类要应对周围日益复杂的世界，并迎接诸如太空旅行等新挑战，它就需要改善其心理和身体素质。如果生物系统要保持领先于电子系统，它还需要增加其复杂性。目前，电脑具有速度优势，但它们没有任何智能迹象。这并不奇怪，因为我们目前的电脑不如蚯蚓的大脑那么复杂，蚯蚓是一个不以其智力而闻名的物种。但电脑大致遵循摩尔定律的一个版本，该定律说，它们的速度和复杂性每18个月翻一番。这是指数增长之一，显然不能无限期地持续下去，事实上它已经开始放缓。然而，快速的改进步伐可能会持续到电脑拥有与人类大脑相似的复杂性时。有人说，无论可能变成什么样子，电脑都无法显示出真正的智能。但在我看来，如果非常复杂的化学分子可以在人体中运行使得他们变得聪明，那么同样复杂的电子电路也能使电脑以智能方式运行。而如果它们是智能的，它们可能会设计出更具复杂性和智能的电脑。

这就是为什么我不相信科幻中一个先进但固定的未来的图景。相反的，我预期无论在生物还是电子领域复杂性都迅速增长。这在未来100年内不会发生太多，这就是我们所有人能够可靠地预测的。但到下一个千年结束时，如果我们那时还存活，这种变化将是根本性的。

林肯·斯蒂芬斯曾经说过："我已经看到了未来，它确实有效。"他实际上是在谈论苏联，我们现在知道它根本行不通。尽管如此，我认为目前的世界秩序还是会有一个未来，但它会相当不同。

什么是对这个星球未来的最大威胁？

"小行星碰撞将成为我们无法防御的威胁。不过最近一次这样的小行星碰撞大约发生于6 600万年前，并导致恐龙灭绝。更紧迫的危险是气候变化失控。海洋温度升高会使冰盖融化并导致大量二氧化碳释放。这两种效应都可以使我们的气候变得像金星一样，但温度达到250摄氏度。"

8   Should we
     colonise space？

我们应去太空
殖民吗？

我们为什么要进入太空？花费那么多努力和金钱就为了获得一些月球岩石的正当理由是什么？难道在地球上没有更好的事业吗？显而易见的答案是因为它一直在我们周围。不离开地球就像在荒岛上不想逃生的漂流者一样。我们需要探索太阳系，找到人类可以居住的地方。

在某种程度上，这情况就像1492年之前的欧洲一样。人们可能会认为让哥伦布出发而徒然无功是浪费金钱。然而，新世界的发现对旧世界产生了深远的改变。试想一下，如果那没有发生的话，我们将吃不到巨无霸或肯德基。向太空扩散将产生更大的效应。它将彻底改变人类的未来，并可能决定我们究竟是否拥有任何未来。它不会解决我们在地球上的任何直接问题，但它会给我们一个新的视角，让我们向外而不是向内看。但愿它会将我们团结起来去面对共同的挑战。

这将是一个长期的战略，我的意思是，这个长期时间是数百年甚至数千年。我们在30年内可以在月球上建一个基地，50年内到达火星，200年内探索外行星的卫星。所谓的到达，我的意思是指载人的航天器。我们已经在火星上运行漫游器，并让探测器着陆土星的卫星泰坦上，但如果我们正在考虑人类的未来，我们就得自己去那里。

进入太空绝不便宜，但它只需要世界资源的一小部分。自从阿波罗登陆以来，NASA 的预算考虑到物价因素实际上基本保持不变，但它从1970年占美国GDP的0.3%下降到

2017年约为0.1%。即使要认真地努力进入太空，我们得增加国际预算20倍，也还只占世界GDP的一小部分。

也许有人认为更应该用我们的钱来解决这个星球的问题，例如气候变化和污染，而不是浪费它去寻找一颗新行星却可能毫无结果。我并不否认应对气候变化和全球变暖的重要性，但我们可以在做到这一点之余，仍然将世界GDP的0.25%用于太空。难道我们的未来不值百分之一的四分之一吗？

在20世纪60年代，我们认为，太空探索值得付出巨大努力。1962年，肯尼迪总统承诺美国将在10年内登陆月球。1969年7月20日，巴兹·奥尔德林和尼尔·阿姆斯特朗降落在月球表面。它改变了人类的未来。我当时27岁，是剑桥大学的一名研究员，我错过了它。我正在利物浦参加一个关于奇点的会议。登陆发生的那个时刻，我正在听取雷内·托姆关于突变论的演讲。那时还没有回放电视，我们也没有电视机，但是我两岁的儿子向我描述了他看到的登月直播。

太空竞赛有助于产生对科学的迷恋并加速我们的技术进步。今天的许多科学家就是受到登月的感染而进入科学领域的，他们的志向是更多地了解我们自己和我们在宇宙中的位置。它给了我们关于我们世界的新观点，促使我们将整个星球视为一个整体。然而，在1972年的最后一次登月之后，由于没有进一步载人航天飞行的未来计划，公众对太空的兴趣减弱了。在西方，这伴随着对科学的普遍失望，因为虽然它带来了巨大的好处，但并未解决日益占据公众注意力的社会问题。

　　一般而言，一个新的载人航天飞行计划可以大力恢复公众对太空和科学的热情。机器人任务要便宜得多，并提供更多的科学信息，但它们没有摄住公众想象力的同等能力。它们没把人类传播到太空中去，我得争辩说这才是我们的长期战略。在2050年前建立月球基地，以及在2070年前达到载人登陆火星的目标，将重新启动太空计划，并带来一种目的感，就像在20世纪60年代肯尼迪总统的月球计划一样。在2017年底，埃隆·马斯克宣布SpaceX计划在2022年前建造一个月球基地并完成火星任务，而特朗普总统签署了太空政策，指令NASA重新集中进行探索和发现，所以我们也许会更早实现目标。

　　对太空的新兴趣也会普遍地提高科学在公众心目中的地位。科学和科学家们没有得到足够尊重，而正在产生严重的后果。我们生活在一个越来越受科学技术支配的社会，但越来越少的年轻人想进入科学领域。一个新的雄心勃勃的太空计划会让年轻人兴奋不已，激励他们进入广泛的科学领域，不仅仅是天体物理学和太空科学。

　　对我来说也是如此。我一直梦想着太空飞行。但是这么多年来我一直认为这只是一个梦想。被限制在地球和轮椅上，除了通过想象和理论物理学方面的研究，我怎么能体验到太空的壮丽。我从未想过，我会有机会从太空俯瞰我们美丽的星球，或者凝视宇宙更远的无限。这是宇航员的王国，他们是幸运的少数人，可以体验太空飞行的奇妙和刺激。不过，我还没有考虑到那些负有使命迈出地球外冒险第一步的人的能量和热情。而在2007年，我很幸运能够进行零重力飞行并首次体验失重。虽然它只持续了4分钟，但简直棒极了。但愿我可以一直继续下去。

当时有人引用我的话说，如果我们不进入太空，我担心人类将不会有未来。我当时相信，我现在仍然相信。我希望我能证明任何人都可以参加太空旅行。我相信，像我这样的科学家和创新的商业企业家应该尽其所能来促进太空旅行。

但人类可以长时间离开地球生存吗？我们在国际空间站的经验表明，人类能远离地球生存数月。然而，轨道的零重力导致几个不良生理变化，包括骨头弱化，以及引起与液体相关的一些实际问题等。因此，人们需要在行星或卫星上为人类建立长期基地。通过挖掘表面，人们会获得隔热，并防止流星和宇宙射线。如果外星社区要独立于地球自我维持的话，行星或卫星也可以作为需要的原材料的来源。

太阳系中哪里是人类可能的殖民之处？最明显的是月球。它很接近地球并且相对容易到达。我们已经在上面降落过，并在月面驾驶过越野车。另一方面，月球很小，不像我们地球，它没有大气，也没有用于偏转太阳辐射粒子的磁场。那里没有液态水，尽管在北极和南极陨石坑中可能有冰。月球上的殖民地可以将冰作为氧气来源，由核能或太阳能板提供电力。月球可以成为前往太阳系其他地方的基地。

很明显，火星是下一个目标。它距离太阳是地球距离太阳的1.5倍，所以接收了一半温暖。它曾经有一个磁场，但在40亿年前衰退了，使火星赤裸裸地暴露在太阳辐射下。这剥夺了火星的大部分大气层，只留下了地球大气的1%的压力。然而，它过去的压力肯定会更高，因为我们看到了似乎是径流通道和干涸湖泊的东西。现在火星表面不能存在液态水。它会在近真空中蒸发。这表明火星有过一个温暖湿润的时期，在此期间可能出现过生命，无论是自发产生还是来自外界胚种（即从宇宙中的其他地方带来）。现在火星上没有生命迹象，但如果我们发现生命曾经存在的证据，这就表明在一个合适的星球上发生生命的可能性相当高。但是，我们必须小心，我们不要让来自地球的生命沾染火星，引起混淆。同样，我们必须非常小心，不要带回任何火星生命。我们对它没有抵抗力，它可能会消灭地球上的生命。

从1964年发射水手4号开始，NASA向火星发射了大量宇宙飞船。它曾用一些轨道飞行器调查了该行星，最新的是火星勘测轨道飞行器。这些轨道探测器发现了深谷和太阳系中最高的山脉。NASA的一些探测器在火星表面登陆，最近还有两个火星漫游器登陆。它们已经发回干燥沙漠的景观照片。就像在月球上一样，水和氧气也可能从极地冰中获得。火星上有火山活动。这会把矿物质和金属带到地表，可供殖民地使用。

月球和火星是太阳系中建立太空殖民地最适合的地方。水星和金星太热了，而木星和土星是气体巨物，没有坚固的表面。火星的卫星非常小，而且不比火星本身更有优势。一些木星和土星的卫星也许是可能的。木星的卫星欧罗巴有冻冰的表面。但是表面下可能有液态水，生命也许可能在那里发展了。我们怎么知道？我们必须降落在欧罗巴上并钻一个洞吗？

土星的卫星泰坦，无论体积还是质量，都较我们的月球大一些，并具有稠密的大气。NASA 和欧洲航天局的卡西尼–惠更斯号任务已使探测器在泰坦上着陆，并发回其表面的照片。但是，它非常冷，远离太阳，我也不喜欢住在液态甲烷湖边。

不过如何大胆地超越太阳系呢？我们的观察表明，很大一部分恒星周围有环绕的行星。到目前为止，我们只能检测到如木星和土星那样的巨行星，但可以合理地假设它们会伴随有较小的类地行星。其中一些将位于金凤花区，那里与恒星的距离在适当的范围内，允许液态水存在于其表面。在距离地球30光年内大约有1 000颗恒星。如果其中1％拥有地球大小并在金凤花区的行星，我们就有10个候选的新世界。

以比邻星 -b 为例。这颗系外行星距离地球最近，但仍距地球4.24光年，围绕着在半人马座阿尔法星恒星系中的恒星比邻星公转，最近的研究表明它与地球有一些相似之处。

采用今天的技术前往这些候选世界也许不可能，但凭我们的想象力，我们可以使星际旅行成为在未来200年到500年间的长期目标。我们发送火箭的速度取决于两个因素：排气的速度和火箭在加速时失去的质量比。化学火箭的排气速度，就像我们迄今使用的那样，每秒约3千米。通过抛弃其质量的30%，它们可以获得每秒约500米的速度，然后再次减速。根据NASA的报告，到达火星只需要260天，误差正负10天，而美国宇航局的一些科学家预测只需130天。但要到达最近的恒星系则需要300万年。要走得更快就需要比化学火箭所能提供的快得多的排气速度，那就是光本身的速度。发自尾部的强大的光束可以推动宇宙飞船前进。核聚变可以提供宇宙飞船1%质量的能量，该能量可将飞船加速到十分之一的光速。超过这个，我们要么需要物质–反物质的湮灭，要么是某种完全新型的能量。事实上，到半人马座阿尔法星的距离是如此巨大，要在人的一生中到达那里，宇宙飞船将不得不携带大约等于银河系中所有恒星的质量的燃料。换句话说，凭当前技术星际旅行是完全不切实际的。半人马座阿尔法星永远不会成为度假胜地。

感谢想象力和聪明才智，我们有机会改变这种状况。2016年，我加入了企业家尤里·米尔纳推出的"突破摄星"，这是旨在使星际旅行成为现实的长期研发计划。如果我们成功，在今天活着的人的一生中，我们将向半人马座阿尔法星发送探测器。不过我会很快再说这些。

我们如何开始这段旅程？到目前为止，我们的探索仅限于我们局域的宇宙邻里。过去40年，我们最无畏的探险家——旅行者号——刚刚进入星际太空。它的速度，每秒11英里，意味着它需要大约7万年才能到达半人马座阿尔法星。这个星座距离我们4.37光年、25万亿英里。如果今天半人马座阿尔法星上有生命存在，他们仍然对唐纳德·特朗普的崛起快乐得一无所知。

很清楚，我们正进入一个新的太空时代。第一批私人宇航员将成为先锋，第一批航行将非常昂贵。但我的希望是，随着时间的推移，更多的地球人可承受得起太空飞行。将越来越多的乘客带入太空，将为我们在地球上的地位和作为其管家的责任带来新的意义，它将帮助我们认识到我们在宇宙中的地位和未来。这就是我相信的我们终极命运之所在。

"突破摄星"是人类初访外太空的真正机会，它旨在探索和权衡殖民化的可能性。这是一个概念验证任务，它涉及三个概念：小型化航天器、光推进和锁相激光器。恒星芯片是一种功能齐全的太空探测器，尺寸缩小到几厘米，将安装在光帆上。光帆由特异材料制成，重量不超过几克。据设想，1000个恒星芯片和光帆，即纳米飞船，将被送入轨道。在地面上，1千米规模的激光器阵列将组合成一个非常强大的光束。光束射穿大气，以几十吉瓦的功率撞击太空中的这些光帆。

就像爱因斯坦在16岁时梦想骑在光束上那样，这项创新背后的理念是纳米飞船骑在光束上。不完全是光的速度，但到了它的五分之一，或每小时1亿英里。这样的系统可在短于1小时内到达火星，几天内到达冥王星，一周之内掠过旅行者号探测器，只用20年多一点时间就到达半人马座阿尔法星。一旦到达那里，纳米飞船可以对在系统中发现的任何行星拍照，检测磁场和有机分子，并将数据用另一个激光束发回地球。早先用来传送发射光束的同一阵列的碟会接收到这个微小的信号，估计返回大约需要4年时间。重要的是，恒星芯片的轨迹可能包括掠过比邻星-b。它是具有地球尺度的行星，并处于半人马座阿尔法星中的主星的可居住区域。2017年，"突破摄星"和欧洲南方天文台合作进一步寻找半人马座阿尔法星的可居住行星。

"突破摄星"有次要目标，它将探索太阳系并查明穿过围绕太阳的地球轨道的小行星。此外，德国物理学家克劳迪乌斯·格罗斯提出，这种技术也可以用来在本来只可短暂居住的系外行星建立一个单细胞微生物的生物圈。

到目前为止，这都是能做到的。然而，存在重大挑战。1吉瓦功率的激光器只提供几牛顿的推力。但纳米飞船通过只有几克的质量来弥补这一点。工程上的挑战是巨大的。该纳米飞船必须能经受极端加速、寒冷、真空和质子，以及与诸如太空尘埃垃圾的碰撞。另外，由于大气湍流，一组激光器将总计100吉瓦的功率聚焦到太阳帆上非常困难。我们如何组合数百个激光器通过大气层的运动，我们如何推动纳米飞船而避免将它们焚烧，又如何把它们瞄准在正确的方向？然后我们需要保持纳米飞船在冰冷的虚空中运作20年，这样它们才能穿越4光年往回发送信号。但这些都是工程问题，而工程师的挑战最终都趋向于得到解决。随着它进步为成熟的技术，可以拟想其他令人兴奋的任务。即使使用功率较弱的激光阵列，飞到其他行星、外太阳系或星际空间的旅程时间也可被大大缩短。

当然，这还不是人类星际旅行，即使它可以扩展到载人的飞船也还不算。因为它将无法停住。不过，人类文化成为星际文化的时刻，就是我们终于接触银河系的时刻。而如果"突破摄星"发回一个环绕我们最近邻恒星公转的可居住行星的图像，它可能对人类的未来具有极大的重要性。

最后，我还要回到爱因斯坦。如果我们在半人马座阿尔法星系中找到一颗行星，一个以五分之一光速行进的相机拍摄到它的图像，那么由于狭义相对论的效应图像会略微失真。这将是航天器首次飞得足够快得以观察到这种效应。事实上，爱因斯坦理论是整个使命的核心。没有它，我们既没有激光，也没有能力进行以五分之一光速超过25万亿英里导航、成像和数据传输所需的计算。

我们可以看到在这个16岁男孩梦想骑在光束上和我们自己的梦想之间的路径，我们正计划将其变成现实，骑着自己的光束抵达恒星。我们正站在新时代的门槛上。人类到其他行星上殖民不再是科学幻想。这会变成科学事实。人类作为一个单独的物种存在了大约200万年。文明始于大约1万年前，并且发展速度一直在稳步增长。如果人类要再继续下去100万年，我们的未来就在于大胆前进到之前无人去过的地方。

我希望最好的。我不得不如此。我们别无选择。

民用太空旅行的时代即将来临。
您认为这对我们意味着什么？

"我期待太空旅行。我愿意是首批购票人之一。我期望在未来 100 年内，我们将能够在太阳系中的任何地方旅行，也许除了外行星。但要到恒星旅行则需要更长的时间。我估计在 500 年后，我们将访问一些附近的恒星。它不像《星际迷航》那样。我们不能以曲速旅行。所以往返至少需要 10 年，也可能要长得多。"

9   Will artificial
     intelligence outsmart us?

人工智能会不会
超过我们？

智力是人之为人的核心。文明所提供的一切都是人类智慧的产物。

DNA传递代际的生命蓝图。愈加复杂的生命形式从眼睛和耳朵等传感器输入信息，在大脑或其他系统中处理信息，决定如何行动，然后向譬如肌肉等输出信息以作用于外界。在我们138亿年的宇宙历史中的某个时刻，发生了一件美妙的事。这种信息处理变得如此聪明，以使生命获得意识。我们的宇宙现在已经醒来，意识到自己。微末如星尘的我们，居然对我们生活于其中的宇宙有了如此详细的了解，我认为这是一个胜利。

我认为蚯蚓的大脑运作与电脑计算之间没有显著差异。我还相信进化意味着，在蚯蚓和人类的大脑之间不存在质的差异。因此，电脑原则上可以模仿人类智慧，甚至更好。某些东西获得比其祖先更高智力显然是可能的：我们演化得比我们的猿类祖先更聪明，而爱因斯坦比他的父母聪明。

如果电脑继续遵守摩尔定律，它们的速度和记忆容量每18个月加倍，结果是在接下来的100年的某个时刻电脑很可能在智力上超过人类。当人工智能（AI）在AI设计中变得比人类做得更好，这样它可以在无人帮助的情况下以递归的方式改善自己，我们就可能会面临智力爆炸，最终导致机器在智力上超过我们更甚于我们超过蜗牛。当那种情形发生时，我们需要确保计算机的目标与我们的目标相互一致。人们也许会忍不住将高智能机器的概念斥为仅仅是科学幻想，但这可能是一个错误，还可能是我们最糟糕的错误。

在过去的20多年里，人工智能一直专注围绕制造智能代理人的问题，那是在特定环境中感知和行动的系统。在这种情况下，智能与理性的统计和经济概念有关。通俗地讲，也就是做出好的决策、计划或推论的能力。由于这项最近的工作，人工智能、机器学习、统计学、控制理论、神经科学和其他领域之间形成了很大程度的整合和交叉。共享理论框架的建立，结合数据获取和处理能力，在各种组件任务中取得了显著的成功，例如语音识别、图像分类、自动驾驶车辆、机器翻译、腿式运动和问答系统。

随着在这些领域和其他领域中从实验室研究转向经济上有价值的技术发展，良性循环也在演进，即使性能上的微小改进也值得花大笔资金，从而促进了对研究更进一步的投入。当今一个广泛共识是，人工智能研究正在稳步发展，其对社会的影响可能会增加。潜在的好处是巨大的，我们无法预测当AI可能提供的工具放大这种智能时，我们会获得什么。彻底消除疾病和贫困是可能的。由于AI的巨大潜力，重要的是研究如何在避免潜在陷阱的同时获得收益。创建AI的成功将是人类历史上的最大事件。

不幸的是，它可能也是最后一个，除非我们学会如何规避风险。将AI用作工具包可以增强我们现有的智能，在科学和社会的每个领域开拓进步。但是，它也会带来危险。到目前为止开发的原始形式的人工智能被证明非常有用，我却害怕创造出匹配或超越人类的某种东西的后果。我担心的是，AI会自己起飞并不断加速重新设计自己。人类受到缓慢的生物进化的限制，无法竞争，将会被超越。在未来，AI可以发展自身的意志，那是一种与我们相冲突的意志。其他人相信人类可以在相当长的一段时间控制技术的速度，让AI实现解决许多世界问题的潜力。对此，我还不是这么确定，虽然众所周知，关于人类，我是一个乐观主义者。

例如，在短期内，世界军事力量正在考虑开始自动武器系统的军备竞赛，该系统可以选择和消除他们自己的目标。虽然联合国正在辩论将禁止这种武器的条约，自动武器支持者通常忘了问最重要的问题。军备竞赛的可能终点是什么，那是人类想要的吗？我们真的希望廉价的人工智能武器成为明天的卡拉什尼科夫冲锋枪，卖给黑市上的罪犯和恐怖分子吗？考虑到我们对越发先进的人工智能系统实行长期控制的能力，我们是否应该武装他们并将我们的防御交给他们？2010年，电脑化的交易系统创造了股票市场的闪电崩盘；电脑触发的防御领域崩溃会是什么样子？现在是停止自动武器军备竞赛的最佳时机。

从中期来看，人工智能可以使我们的工作自动化，带来巨大繁荣和平等。更长远地看，我们对于可以实现的事情没有根本的限制。没有任何物理定律可以排除以比人脑中的粒子排列更高级的计算方式组织粒子的方法。爆炸式过渡是可能的，但它的结局可能与电影不同。正如数学家欧文·约翰·古德在1965年意识到的那样，在科幻作家维纳尔·维格称之为技术奇点之处，具有超人智慧的机器甚至可以进一步重复改进他们的设计。人们可以想象这样的技术胜过金融市场，发明超过人类研究人员，操纵超过人类领导者，并甚至可能用我们无法理解的武器制服我们。而AI短期对我们的影响取决于谁控制它，长期影响取决于它究竟是否可能被控制。

总之，对于人类，超级智能的问世是有史以来要么最好要么最坏的事。人工智能的真正风险不是恶意，而是能力。一个超级聪明的AI会非常擅长实现目标，如果这些目标和我们的不一致，我们就遇到了麻烦。你可能不是蚂蚁邪恶的仇敌，会去恶意踩踏它们，但如果你负责水力发电的绿色能源项目，而在该地区有一个蚁丘要被淹掉，对于蚂蚁那就太糟糕了。不要将人类置于那些蚂蚁的境地。我们应该提前计划。如果一个先进的外星人文明给我们发短信说，"我们几十年后到达"，我们会不会就回复"行，当你到了这里给我们打电话，我们会开灯欢迎"呢？大概不会，但这或多或少正是我们在对付AI时所做的。除了一些小的非营利性研究所之外，很少有人致力于这些严肃的研究。

幸运的是，现在正在发生变化。技术开拓者比尔·盖茨、史蒂夫·沃兹尼亚克和埃隆·马斯克回应了我的担忧，而一种健康的风险评估文化和对社会影响的认识开始在AI社区扎根。2015年1月，我和埃隆·马斯克以及许多AI专家，签署了一份关于人工智能的公开信，呼吁认真研究其对社会的影响。在过去，埃隆·马斯克警告说，超人类人工智能能够提供无法估量的好处，但如果不谨慎地部署，将对人类产生不利影响。他和我是生命未来研究所的科学顾问委员会成员，该研究所致力于减轻人类面临的存在的风险，我们起草了该公开信。该信要求具体研究在获得AI为我们提供潜在好处的同时，如何能够预防潜在问题，并且旨在让AI研究人员和开发人员更加关注AI安全性。此外，对于政策制定者和公众来说，这封信是想提供信息而不是危言耸听。我们认为非常重要的是，每个人都知道AI研究人员正在认真考虑这些担忧和道德问题。例如，人工智能具有根除疾病和贫困的潜力，但研究人员必须努力创造可以控制的人工智能。

2016年10月，我在剑桥还创立了一个新中心，该中心将尝试解决人工智能研究快速发展所带来的一些开放式问题。利弗休姆智能未来中心是一个多学科研究所，致力于研究智力的未来，这对我们的文明和物种的未来至关重要。我们花了很多时间研究历史，我们得承认，主要是愚蠢的历史。现在人们正在转去研究智能的未来，这是受欢迎的改变。我们意识到了这种潜在危险，但也许利用这种新技术革命的工具，

　　　　　　　人工智能会不会超过我们？

我们甚至可以去除工业化对自然界造成的一些破坏。

人工智能发展的最新进展包括欧洲议会呼吁起草一套管理创造机器人和AI的法规。有点令人惊讶的是，这包括电子人格的一种形式，旨在确保最有能力和最先进的AI的权利和责任。一个欧洲议会发言人评论说，随着我们日常生活中越来越多的领域受到机器人的影响，我们需要确保机器人正在并将继续为人类服务。一份提交给议会的报告宣称世界正处于新的工业机器人革命的前沿。它审查是否允许赋予机器人作为电子人，具有与公司人格的法律定义同等的合法权利。但它强调在任何时候研究人员和设计师都应确保所有机器人设计配有一个终结开关。

在斯坦利·库布里克的科幻片《2001：太空漫游》中，太空船上载有发生故障的机器人电脑哈尔，这对船上的科学家们没有什么帮助，但那是虚构的。我们针对事实。在报告中，奥斯本·克拉克多国律师事务所的顾问罗那·布拉泽尔说，我们没赋予鲸鱼和大猩猩人格，所以没有必要急于赋予机器人人格。但是要警惕。该报告承认，在几十年内，人工智能可能超越人类的智力，并挑战人类–机器人关系。

到2025年，将有大约30个特大城市，每个城市拥有超过1 000万的居民。当所有人都吵着要求为他们随时提供商品和服务，技术能否帮助我们，跟上我们对即时商务的渴望？机器人肯定会加速在线零售流程。但要彻底改变购物行为，它们需要足够快，以便在每个订单上实现当日交货。

与世界互动的机会正在迅速增加，而不必亲自到场。你可以想象，我觉得这很有吸引力，尤其是因为我们所有人的城市生活都如此繁忙。多少次你希望有替身可以分担你的工作量？为我们自己创造现实的数字代理人是一个雄心勃勃的梦想，但最新的技术表明它可能不像听起来那么匪夷所思。

当我年轻时，技术的兴起似乎提示，我们将来都将享受更多的休闲时光。但事实上，我们越能干，我们就越忙。我们的城市已经充满扩展我们能力的机器，但如果我们可以同时在两个地方该多厉害？我们习惯于在电话系统和公告上使用自动语音。现在发明家丹尼尔·克拉夫特正在探究我们如何在视觉上复制自己。问题是，替身有多逼真？

互动导师可能对大规模开设在线课程（MOOCs）和娱乐有用。这真的很令人兴奋。电子数字演员会永远年轻，能够表现人类不可能胜任的技能。我们未来的偶像甚至可以不是真实的。

我们如何与数字世界联系是我们将来取得进展的关键。在最聪明的城市，最聪明的家庭将配备如此有灵犀的设备，它们几乎可以毫不费力地与人进行互动。

当打字机被发明时，它变革了我们与机器互动的方式。将近150年后，触摸屏幕已经开启了与数字世界新的沟通方式。最近的AI里程碑，比如自驾汽车，或电脑赢得围棋赛，预示了即将发生的事物。巨大投资正在涌入这项技术，它已经成为我们生活的重要组成部分。未来几十年，它将渗透到我们社会的每个方面，包括医疗、工作、教育和科学等许多领域，为我们提供聪明的帮助和建议。我们迄今所看到的成就，和未来几十年将会带来的相比，肯定是微小的，我们也无法预测，当人工智能扩展了我们自己的思维后，我们可能会取得的成就。

也许借助这种新技术革命的工具，我们可以使人类生活更美好。例如，研究人员正在开发有助于脊髓损伤患者瘫痪逆转的AI。运用硅芯片植入以及在大脑与身体之间的无线电子接合，该技术会允许人们用自己的意念去控制自己的身体动作。

我相信大脑和电脑连接是未来的交流方式。有两种方法，电极接通头骨和移植物。第一个就像透过磨砂玻璃看不太清楚，第二个更好，但有感染风险。如果我们可以将人脑连接到互联网，它就会将整个维基百科都作为其资源。

随着人、设备和信息越来越紧密相互连接，世界甚至变化得更快。计算能力正在增长，量子计算正在迅速实现。这将以指数方式的更快速度革新人工智能，它将推进加密。量子电脑将改变一切，甚至人类生物学。

已经有一种精确编辑DNA的技术，称为CRISPR。这种基因组编辑技术的基础是细菌防御系统。它可以准确地定位和编辑遗传密码的片断。遗传操作的最佳目的是修改基因可以让科学家通过纠正基因突变来治疗遗传疾病。然而，还可能存在操纵DNA的不怎么高尚的动机。我们在基因工程方面走多远将成为一个日益迫切的问题。我们如果无视基因工程的危险，就绝无可能治疗运动神经元疾病，比如我的ALS。

智力被定性为适应变化的能力。人类智慧是能够适应环境变化的人经世代自然选择的结果。我们不应害怕改变。我们需要让它对我们有利。

我们所有人都可以发挥作用，确保我们和下一代不仅有机会，而且立志尽早充分参与科学研究，以便我们能够继续发挥自己的潜力，为整个人类创造一个更美好的世界。我们需要进行机器学习，关于AI不能只限于应该如何的理论讨论，还应确保我们计划如何做到这一点。我们所有人都有可能推进被接受或预期的界限，并思考大问题。我们站在一个美丽新世界的门槛上。这是一个令人兴奋的，不过也将是危险的地方，而我们是先锋。

当我们发明火时，我们反复被火搞砸了一些事情，然后发明了灭火器。鉴于拥有更强大的技术譬如核武器、合成生物学和强人工智能，我们应该改为预先计划未来，并希望第一次就把事情弄妥，因为这可能是我们仅有的机会。我们的未来是一个技术日益增长的力量和使用它的智慧之间的竞争。让我们确保智慧胜利。

为什么我们如此担心人工智能呢？
人类总能拔插头吧？

"人们问一台电脑，'存在上帝吗？'
电脑说'现在有了。'并焊住插头。"

10   How do we
      shape the future？

我们如何塑造
未来？

一个世纪以前，阿尔伯特·爱因斯坦彻底变革了我们对空间、时间、能量和物质的理解。我们仍然在确认他那些了不起的预测，就像2015年LIGO实验中观察到的引力波一样。当我想到聪明才智时，爱因斯坦立刻就会浮现在我的脑海中。他的奇思妙想来自何处？也许是许多品质的融合：直觉、原创、卓越。爱因斯坦有能力超越表面来揭示底层结构。他对常识毫不畏惧，常识认为事物必然是它们表面的那个样子。他有勇气去追求别人看似荒谬的观念。这给了他自由，让他成为天才，他的时代和任何时代的天才。

爱因斯坦具备的一个关键因素是想象力。他的许多发现来自于他通过理想实验重新构想宇宙的能力。在他16岁的时候，他想象骑在一束光上面，他意识到，从这个有利的位置看，光线会像一个冻结的波浪。这个形象最终导致了狭义相对论。

100年后，关于宇宙，物理学家们远比爱因斯坦了解得更多。现在我们有更强大的发现工具，诸如粒子加速器、超级电脑、太空望远镜和例如LIGO实验室对引力波的研究。然而，想象力仍然是我们最强大的品性。利用想象力，我们可以在空间和时间的任何地方漫游。我们在驾车、在床上打盹，或在聚会上假装听某人乏味谈话时，精神却能够遨游在自然最奇特的现象中。

还是男孩时，我就对事物如何运行充满激情。在那些日子里，我把东西拆开找出机制。我将拆开的碎片重新组装回玩具并不总是成功，但我想我比今天的男孩或女孩学得更多，要是他或她在智能手机上尝试同样的伎俩。

我现在的工作仍然是弄清楚事物是如何运行的，只是尺度变了。我不再摧毁任何玩具火车。相反的，我使用物理定律试图弄清宇宙是如何运行的。如果你知道事物怎么运行，你就能控制它。我这么说的时候听起来如此简单！这是一个吸引人的、复杂的奋斗，在我的整个成年生活中它让我着迷并激动不已。我曾与世界上一些最伟大的科学家合作过。我很幸运能够在所选择的领域——宇宙学，即宇宙起源研究的辉煌时代度过此生。

人的头脑是一件令人难以置信的东西。它可以设想天穹的壮丽和物质基本组成部分的复杂性。然而，为了让每个头脑都充分发挥其潜力，它需要一个火花，探究和惊奇的火花。

这种火花常常来自老师。请允许我解释一下。我不是最容易教的人，我读书的速度很慢，而且我的笔迹也不整洁。在我14岁的时候，我在圣奥尔本斯学校的老师迪克朗·塔他向我展示了如何利用我的精力，并鼓励我创造性地思考数学。他把数学视为宇宙本身的蓝图，这使我大开眼界。如果你看每个非凡的人物背后，总能发现一位特殊的老师。当我们每个人都在思考在生命中能做些什么时，我们很有可能因为一位老师而能这样做。

然而，如今，教育和科学技术研究比以往任何时候都更加岌岌可危。由于最近的全球金融危机和紧缩措施，所有科学领域的资金正在大幅削减，特别是基础科学受到严重影响。我们还面临着文化孤立和偏狭，以及日益远离正在取得进展的危险。在研究层面，跨边界的人员交流使技能更快地转移并带来因不同的背景而持有不同想法的新人。这本应很容易实现，而现在却变得举步维艰。不幸的是，我们不能在时间中回到过去。随着英国脱欧和特朗普现在对移民和教育发展的影响，我们正在目睹全球范围对专家，包括科学家的反感。那么我们可以做些什么来保障科技教育的未来？

　　我再回到我的老师塔他先生。教育未来的基础一定取决于学校和鼓舞人心的老师。但学校只能提供基本框架，有时死记硬背、方程和考试可以让孩子们远离科学。大多数人只要定性理解，而非定量理解，无须复杂的方程。科普书籍和文章也可以传达关于我们生活方式的想法。但是，即便最成功的书籍，也只有一小部分人阅读。科学纪录片和电影很吸引大众，可惜它只是单向交流。

　　当我在20世纪60年代开始进入宇宙学领域时，它是一个模糊不清的古怪的科学研究分支。今天，通过理论研究和实验的成果，如大型强子对撞机和希格斯玻色子的发现，宇宙学允许我们去发现研究宇宙。还有很大问题有待回答，还有很多研究要做。但是我们现在知道得更多，并且在这个相对较短的时段内取得了多过任何人能够想象到的成就。

但现在年轻人的未来会面临什么呢？我可以充满信心地说，他们的未来将比过去任何一代更多地依赖于科学和技术。他们需要比前人更多地了解科学，因为科学以空前的方式成为他们日常生活的一部分。

不必过于疯狂地推测，我们就可以看到一些趋势，我们知道的新问题必须在现在和未来得到解决。在我认为的问题中，有全球变暖、为大量增加的地球人口寻找空间和资源、其他物种的快速灭绝、开发可再生能源的需要、海洋的退化、森林砍伐和流行病，此处仅举几个。

还有未来的伟大发明，它们将彻底变革我们生活、工作、饮食、交流和旅行的方式。在生活的每个领域进行创新的范围这么开阔，这真让人兴奋。我们可以在月球上开采稀有金属、在火星上建立人类前哨，并找到目前不治之症的救治方法。此外，存在的巨大问题仍然没有答案。生命是如何在地球上开始的？什么是意识？外太空有人吗？还是我们独自在宇宙中？这些是留给下一代人去研究的问题。

有些人认为今天的人类是进化的巅峰，已臻于完美。我不同意。关于我们宇宙的边界条件应该有一些非常特别的东西，而还有什么比没有边界更特殊？而人类努力也不应该有边界。我认为人类的未来有两种选择：第一，探索太空寻找可居住的替代行星；第二，积极利用人工智能改善我们的世界。

地球对我们来说变得太小了。我们的物质资源正以惊人的速度消耗殆尽。人类向我们的星球呈送了灾难性的礼物：气候变化、污染、温度上升、极地冰盖缩小、砍伐森林和毁掉动物物种。我们的人口也以惊人的速度增长。面对这些数字，很明显，这种近乎指数式的人口增长无法持续到下一个千年。

考虑殖民其他行星的另一原因是核战争的可能性。有一种理论认为，我们没有被外星人接触过的原因是，当一个外星文明到达我们的发展阶段时，它变得不稳定并且自我毁灭。我们现在拥有摧毁地球上所有生物的技术力量。正如我们在朝鲜最近发生的事件中看到的那样，这是一个发人深省和令人担忧的想法。

但是我相信我们可以避免末日大决战的潜在性，而我们这样做的最好方法之一就是进入太空，探索人类生活在其他行星上的潜力。

影响人类未来的第二个发展是人工智能的兴起。

人工智能研究正在迅速发展。最近的标志，如自动驾驶汽车、赢得围棋赛的电脑以及数字个人助理西丽、谷歌即时和微软小娜的到来，仅仅是信息技术军备竞赛的征兆，这是由前所未有的投资推动的，并基于日益成熟的理论基础之上。这些成就与未来几十年的相比也许是微不足道的。

但对人类，超智能人工智能的出现要么是最好、要么是最坏的事情。我们无法知道是否会从人工智能得到无限的帮助，或者被它忽视并且被边缘化，或者可以想象被它摧毁。作为一个乐观主义者，我相信我们可以为了世界的福祉创造人工智能，它可以和我们和谐地工作。我们只需要意识到危险，识别它们，采用最佳实践和管理，并为其后果预先做好准备。

技术对我的生活产生了巨大的影响。我通过电脑说话。我受益于辅助技术，它给了我一个已被疾病剥夺的声音。我很幸运地在个人计算时代开始时失去了声音。英特尔超过25年一直在支持我，让我每天做喜欢做的事。这些年来，世界和影响它的技术都发生了巨大变化。技术改变了我们所有人的生活方式，从交流到基因研究，到获取信息以及更多更多。随着技术变得更聪明，它打开了我从未预言过的可能性的大门。现在为支持残疾人而开发的技术正为打破交流障碍引领道路。它通常是未来技术的一个试验场。从语音到文本、从文本到语音、家庭自动化、信号驾车，甚至赛格威平衡车，都是为残疾人开发的，这些都是在它们被日常使用之前好几年开发的。这些技术成就归功于我们内心的火花——创造力。这种创造力可以采取多种形式，从物质成就到理论物理。

但是还会发生更多的新生事物。人脑与电脑连接可以让这种被越来越多的人使用的沟通方式更快、更富有表现力。我现在使用脸书，它允许我直接与我的朋友和全世界的粉丝交谈，这样他们就可以跟上我的最新理论并查看我旅行中的照片。这也意味着，我可以看到我的孩子们此刻正在做什么，而不是他们告诉我他们在做什么。

就像对于几代人以前的社会，互联网、我们的移动电话、医疗成像、卫星导航和社交网络是难以理解的一样，我们未来的世界将以我们刚刚开始构思的方式同等地转变。不是信息本身，而是智慧地和创造性地使用信息将使我们实现这些。

还有这么多的东西要涌现，我希望这一前景能为今天的学童提供很大的启迪。不过我们可以发挥作用，确保这一代儿童不仅有机会，而且立志尽早充分参与科学研究，以便他们能够发挥潜力，为全人类创造一个更美好的世界。而且我相信学习和教育的未来是互联网。人们可以回答和互动。互联网以某种方式将我们所有人联系在一起，就像巨脑中的神经元。有了这样的智商，还有什么我们不能做到？

有人说对科学不感兴趣，而且看不出有什么必要去关注，这种观点在我成长的年代，不是对我而言，而是按照社会成见，仍然可以被接受。现在情况已不再是如此。让我来说清楚。我不是在宣传这种想法，即所有年轻人应立志成为科学家。我不认为这是一个理想的情况，因为世界需要具有广泛技能的人。但我提倡所有年轻人都应对科学学科熟悉和自信，无论他们选择做什么。他们需要具备科学素养，并积极参与科学和技术的发展，以学到更多。

在我看来，一个世界只有极少数超级精英有能力了解先进的科学技术及其应用将是危险的、非常有局限的。我真怀疑，诸如清理海洋或救治发展中国家的疾病等大规模受益的项目是否会给予优先考虑。更糟糕的是，我们可能发现技术被用来反对我们，我们却没有力量阻止它。

无论在个人生活中，还是生命和智慧在我们宇宙中能做什么，我都不相信有边界。我们正站在所有科学领域的重要发现的门槛上。毫无疑问，我们的世界将在下一个50年发生巨大变化。我们将了解在大爆炸时发生了什么。我们将了解地球上的生命是如何开始的。我们甚至可以发现生命是否存在于宇宙的其他地方。虽然和一个聪明的外星人种交流的机会可能很渺茫，但这种发现的重要性意味着我们一定不要放弃尝试。我们将继续探索我们的宇宙栖息地，将机器人和人类送入太空。我们不能继续将自己向内局限于一个小的、越来越污染和过度拥挤的行星上。通过科学的努力和技术创新，我们必须向外开拓更广阔的宇宙，同时也要努力解决地球上的问题。而且我很乐观，我们最终会在其他行星上为人类创造可行的栖息地。我们将超越地球，学会在太空生存。

这不是故事的结束，而是我希望的将有数十亿年在宇宙中蓬勃发展的生命的开始。

最后还有一点。我们永远不会真的知道下一个伟大的科学发现将来自何处，也不知谁是发现者。张扬科学发现的兴奋和惊奇，以创新和方便的方式来触发尽可能广泛的年轻科学受众，大大增加寻找和激励新爱因斯坦的机会。无论他或她会在哪里。

所以记住仰望星空，而非注目脚下。尝试理解你所看到的，并追寻宇宙存在的原因。保持好奇心。无论生活多么艰难，总有一些事情你能做到并取得成功。重要的是你不要放弃。释放你的想象力，塑造未来。

**你希望人类实现哪种改变世界的思想，
无论大小？**

"这很简单。我希望看到聚变电源的发展能
够提供无限量的清洁能源，并转向电动汽车。
核聚变将成为一种实用的能源，并将为我们提
供取之不尽的能源供应，而不会造成污染或全
球变暖。"

Afterword:
Lucy Hawking

后记:
露西·霍金

在剑桥春日的凄凉灰暗中，我们乘坐黑色汽车前往大圣玛丽教堂，这是在传统上为杰出学者举行葬礼的大学教堂。时值大学假期，街道似乎很平静。剑桥显得空空荡荡，甚至看不到一个游客。摩托骑警的蓝色闪光灯是唯一引人注目的颜色，他们护卫载着我父亲的棺材的灵车，阻断稀疏的车流，让我们畅通无阻。

接着，我们左转，我即刻看到人群聚集在世界上最易辨认的街道之一，也就是剑桥中心的国王大道。我从未见过这么多人如此沉默。无数横幅、旗帜、相机和手机高高举起，人们安静地沿街站列以表达敬意。这时，龚维尔和基斯学院（我父亲的剑桥学院）的首席门房礼仪式地戴着礼帽，携带乌木手杖，沿着街道庄严地走来迎接灵车，将它引入教堂。

我的姑妈紧握我的手，我们俩泪流满面。她对我耳语："他会喜欢这个。"

自我父亲去世以来，发生了这么多会令他非常喜欢的事，这么多我希望他能够知晓的事。我希望他能看到从世界各地潮涌而来的缅怀之情。我希望他能知道数百万他从未谋面的人们是多么深爱和尊敬他。我希望他知道他将被葬在西敏寺，在他的两位科学英雄艾萨克·牛顿和查尔斯·达尔文之间，并且当他在地球上安息时，他的声音会被射电望远镜发射向一个黑洞。

但他也可能想知道所有无谓纷扰究为何事。他是一个令人惊讶的谦虚的人，虽然崇拜风头，但似乎也对自己的名声感到困惑。这本书中的一个短语引起我的注意，它概括了他对自己的态度："如果我做出了贡献。"他是唯一一会在这句话中加入"如果"的人。我想其他人都非常肯定他做出了。

而那是怎样的贡献！既在他的宇宙学研究，他探索宇宙本身的结构和起源的辉煌成就中，又在面对挑战时纯然人性的勇敢和幽默中。他找到了一种方式超越知识的界限，亦同时超越忍受苦难的极限。我相信正是这种组合使他如此具有标志性，但又如此让人理解，如此平易近人。他备受伤痛，却坚忍不拔。他要竭力才能沟通，但他不屈不挠。随着行动自由不断丧失，他不断地适应他的设备。他精准地选择词语，以便在用那种毫无起伏的电子声音说话时能产生最大的效果，而这种声音在被他使用时变得如此奇特而富有表达力。当他说话时，人们倾听，无论是他对国家健康服务体系，还是对宇宙的膨胀的看法，他从不失去一个讲笑话的机会，笑话以最无表情的方式传达，他的眼中却充满了有趣的闪光。

我的父亲也是一个顾家男人，在2014年电影《万物理论》问世之前，大多数人都忽略了这个事实。在20世纪70年代，一个有配偶和自己孩子的残疾人当然不常见，也不容易找到具备如此强烈的自主和独立意识的残疾人。作为一个小孩子，我非常不喜欢陌生人随意盯着我们看的样子，他们有时还张着嘴，此刻我的父亲正驾驶轮椅在剑桥横冲直撞，伴随着两个头发乱蓬蓬的金发小孩，经常边吃冰淇淋边跑来跑去。我觉得这非常粗鲁。我曾经试图向他们瞪眼，但我认为我的愤怒没能够起作用，尤其是来自一张涂满融化棒棒糖的幼稚小脸。

无论怎么想象，那都不是正常的童年。我知道 —— 然而与此同时，我又不知道这一点。我认为向成年人提出许多具有挑战性的问题是完全正常的，因为这正是我们在家里所做的。只有当我仔细检查牧师对上帝存在的证据导致他流泪时，我才开始意识到这与众不同。

作为一个孩子，我认为自己不是质疑型的。我相信我的哥哥是，他在任何事情上都比我聪明（事实上现在仍然如此）。我还记得一次家庭假期，像许多家庭假期一样，它与海外物理会议神秘地巧合。我哥哥和我参加了一些讲座，大概是为了让我的母亲从马不停蹄的照顾职责中短暂解脱。在那些日子里，物理讲座并不受欢迎，绝对不适合孩子。我坐在那里，在记事本上涂鸦，但是我哥哥高举那瘦小的胳膊，向一位杰出的学术主持人提问，而我的父亲脸上充满骄傲。

别人经常问我，"作为史蒂芬·霍金的女儿，有什么特别的？"不可避免地，几句话绝对说不清。我可以说棒的时候非常棒，难的时候也非常难，而且介于两者之间存在"我们称之为正常"的地方。成年后我们明白了，我们发现正常的东西对其他人来说并非如此。时间会让悲伤麻木，我想到也许我要花永久的时间才能消化我们的经历。在某种程度上，我甚至不确定我是否想要这么做。有时，我只想牢记父亲对我说的最后的话，我是一个可爱的女儿，我应该无所畏惧。我永远不会像他一样勇敢。我本质上不是一个特别勇敢的人。但他告诉我，我可以试试。而这种尝试可能正是勇气中最重要的部分。

我的父亲从不放弃，他从不回避战斗。在75岁时，他已经完全瘫痪，只能移动一些面部肌肉，但他每天仍然起床，穿上西装去上班。他有事可做，并不会让一些琐碎的事情妨碍他。但我不得不说，如果他知道在他的葬礼上会出现摩托骑警，他会要求他们每天为他从剑桥的家到办公室的早晨通勤导航。

令人高兴的是，他确实知道这本书。这是他在地球上的最后一年所做的一个项目。他的想法是将他的当下写作集结成书。就像他去世后发生的那么多事情一样，我希望他能看到这个最终的版本。我想他会为这本书感到非常自豪，甚至连他也不得不承认，毕竟他已经做出了贡献。

露西·霍金

2018年7月

Epilogue:
Huateng Ma

跋：
马化腾

霍金博士为我们展现了一个奇妙的世界。我幼年时喜欢遥望星空，对浩瀚宇宙的奥秘十分好奇。对于我这样的天文爱好者来说，霍金关于宇宙种种问题的回答，很大程度满足着我们的好奇心。但是，他带给我们的远远不止于此。在我看来，霍金向我们展现了，一个现代人应该如何去思考、面对和创造未来；如何以赤子之心面对宇宙，在困境中不失去信心、乐观以及对人类的爱；如何点燃自己的想象力与好奇心，成为照亮人类前进道路的亮光……这些都是他留给我们最好的礼物。

在霍金的文章中，我找到了一些线索。他能为我们带来那么多礼物的原因，除了过人的天赋，还有良好的教育。他特别提到，十四岁时碰到的一位老师，如何鼓励自己创造性地思考。他承认，"每个杰出的人背后，都有一位特别的老师"。我相信，未来的教育需要更多特别的老师，来呵护每一个孩子的想象力与好奇心。像霍金这样好奇"宇宙如何运行"的孩子，只有不断得到鼓励，才能克服重重困难，最终发现前人未知的奥秘。这是科学发现与技术创新的基础。

霍金还把目光投向更深远的未来。他对人类是否能善用科技心存担忧，尤其今天我们已经掌握了毁灭人类自己的技术，我们就不得不参与一场"只许成功，不许失败"的赛跑：

跋：马化腾

人类善用科技的智慧必须胜过日益强大的科技。我认为，确保人类在赛跑中获胜的关键在于，未来的孩子们是否能够拥有一双相互协调、同等强壮的"腿"：科技与文化。这是未来教育需要解决的问题，也是腾讯作为以互联网为基础的科技与文化公司正在深入思考的方向。

霍金不仅仅是一位向我们传递科学知识的学者，他对于未来人类命运的思考和关切本身，就是人文教育的典范。他给未来的年轻人留下一连串待解的问题：生命如何在地球上诞生？意识究竟是什么？我们在宇宙中是孤独的吗？可以说，这些问题既是科学问题，也是文化问题。对于未来，我与霍金博士一样乐观。我也相信，无限的星空一定蕴藏着解决我们生存问题的地方。

马化腾

Notes of Translator:
Hawking and the
Heavenly Inquiries
Zhongchao Wu

译后记：
霍金和十问
吴忠超

2018年3月14日，史蒂芬·霍金逝世，享年76岁。他永远离开了这个他无比热爱的世界，而这一天恰好是爱因斯坦139年诞辰。此后的几天里，我急切地等待霍金的葬礼日程安排，希望向他做最后的告别。3月17日我收到剑桥大学的通知，说他们很快就会发出通告，但没有透露任何具体信息。在这之前，霍金的前妻简已经去过剑桥城西北万灵巷的升天教区墓园勘察并选址。

这块小墓园偏僻而宁静，凝缩着剑桥大学近150年的历史。我至少去过两回，第一回是在22年前的复活节。安息在此的学者中，最著名的便是20世纪最伟大的哲学家维特根斯坦、天文学家亚当斯和爱丁顿，还有达尔文家族（达尔文本人葬于伦敦西敏寺）、《金枝》的作者弗雷泽，以及一些诺贝尔奖得主。亚当斯独立地计算出天王星轨道和开普勒及牛顿定律的偏离，并预言了海王星的存在。爱丁顿在西非日食时探测到光线在太阳引力场中的偏折，首次验证了广义相对论的预言。这些都和霍金毕生从事的引力物理紧密相关。事实上，霍金和彭罗斯还分享了1966年的亚当斯奖与1975年的爱丁顿奖章。

我对许多朋友说起，估计葬礼计划之所以迟迟未公布，很可能当局还有其他想法，是要把他葬在伦敦西敏寺。果然，3月19日简给我来信，邀请我参加霍金在剑桥的葬礼和在伦敦西敏寺的安葬仪式。她在信中还告诉我霍金将会被葬在牛

　　　　　　　　　　　译后记：吴忠超

顿墓旁。霍金将和人类的伟大先驱哥白尼、伽利略、开普勒、牛顿以及爱因斯坦一样，从此在智慧的星空中发出永恒的光芒。

1942年1月8日，霍金诞生于牛津，这正是伽利略逝世300年忌日。这一巧合似乎暗示着他将献身于科学，特别是宇宙学的研究。他的幼年在伦敦的海格特度过。值得一提的是，海格特公墓西区安息着电磁感应定律的发现者法拉第。1950年，随着从事热带病研究的父亲工作的变动，霍金全家搬到伦敦更北的圣奥尔本斯。他在那里完成了中学教育，并按照他父亲的意向，于1959年考取了父亲的母校牛津大学。

1962年霍金从牛津大学毕业，转到剑桥大学攻读博士学位。他原先想追随剑桥理论天文研究所的创建者，英国当时最著名的天文学家弗雷德·霍伊尔。但霍伊尔已经收满了学生，所以西阿玛被指定为他的导师。这个阴错阳差对他的未来特别关键。如果他跟随霍伊尔，那他就得像霍伊尔的一位非常著名的印度学生纳里卡一样，去捍卫霍伊尔等倡导的稳恒态宇宙模型。虽然1929年哈勃发现了宇宙的红移定律，由此得知宇宙正在膨胀，然而它是由伽莫夫等提出的大爆炸模型，还是由霍伊尔等提出的稳恒态模型描述还不清楚。20世纪60年代早期，马丁·赖尔领导的剑桥射电天文学小组对弱射电源进行调查，其观察结果和稳恒态模型的预言相悖，而1964年彭齐亚斯和威尔逊非常偶然地发现了宇宙微波背景，这彻底地证伪了稳恒态模型。

西阿玛门下出现了许多杰出的引力物理学家，除了霍金之外，还有马丁·里斯、布兰登·卡特、乔治·埃利斯等，他还把才华横溢的数学家罗杰·彭罗斯吸引到引力物理领域来。西阿玛说过，他对科学的最重要贡献就是培养出了霍金。

霍金在牛津上本科三年级时就发现自己的行动变得笨拙，去剑桥上学后的第一个圣诞节假期，他在湖上滑冰跌倒时无法站起，几经周折后被诊断为患了不治之症——渐冻症。通常认为这种病人只有一两年可活。可以想见，那时他的情绪有多么低落。此时他非常幸运地遇到了一位年轻的女子简·王尔德。简的爱情给予他以生活的希望。可以毫不夸张地说，如果没有简，就没有后来的霍金。

霍金在他的天才焕发和病情发展的竞跑中赢得胜利。英国民族对学术的崇尚，尤其是剑桥大学对天才的珍惜，是产生霍金这样人物的必要条件。1965年，他就被选为龚维尔和基斯学院的研究员，他在这个学院任职终身。这个学院是剑桥现存的第四古老的学院，是牛津、剑桥仅次于三一学院获诺贝尔奖最多的学院，共有14名成员获奖。学院深具医学传统。17世纪，威廉·哈维证实了血液循环现象。1953年，弗朗西斯·克里克和美国人詹姆斯·沃森发现了DNA的双螺旋

　　　　　　　　　译后记：吴忠超

结构，我们在学院的窗玻璃上可以看到这个结构的示意图。

即便单从医学的角度看，他已成为渐冻症患者中存活最久的人，55年——这是空前的。这使我们联想起伟大的数学家欧拉，他28岁时右眼失明，59岁时左眼也几乎失明，从此17年处于黑暗之中，他也是活了76岁。

引力物理在爱因斯坦于1915年提出广义相对论后发展缓慢。在20世纪60年代之前它几乎沦为应用数学的一个分支，这是因为爱因斯坦的场方程非常复杂，而且从该方程的解很难抽取物理意义。费曼对这种状态极为不满，他去华沙参加一次广义相对论会议后，甚至让他的夫人提醒他将来绝不可参加这种会议，以免高血压发作。

这种面貌因惠勒学派，尤其是彭罗斯、霍金和盖罗许的研究而焕然一新。惠勒学派的方法是在足够对称的时空进行微扰计算，而彭罗斯变革性的观点是关注时空的拓扑，尤其是它的共形结构，为此他和卡特发明了卡特-彭罗斯图的有力工具。1965年，彭罗斯发表了划时代的论文《引力坍缩和时空奇点》，该论文证明引力坍缩导致黑洞中的奇点。同年，霍金将相同的思路应用到整个宇宙，证明了如果广义相对论是正确的，物质的能动量张量满足某些非常合理的条件，那么宇宙必定起始于大爆炸的奇点。在霍金宣布这个结果之前，还有人以为大爆炸可能是以前的一个收缩相的反弹。这个结果是他的博士论文《膨胀宇宙的性质》最精华的部分。

此后，在经典引力物理中，霍金对黑洞理论做出了许多根本性的贡献，诸如他和同行们证明了黑洞的无毛定理，他指出四维时空的黑洞视界的拓扑必须为球面。但最为人称道的是他提出了黑洞视界面积不减定理。

黑洞面积定理是说，黑洞演化甚至黑洞合并，其总的视界面积不减。1971年，霍金由此推出由两个黑洞碰撞引起的引力辐射的能量上限。44年后的2015年由LIGO实现的首次引力波观测证实了这个结果。1973年，他和巴丁、卡特合作发表了题为《黑洞力学的四个定律》的论文，将其和热力学的四个定律做平行的比较。

霍金对经典引力物理的贡献被总结在他和埃利斯合著的《时空的大尺度结构》一书中。这是一部研究时空拓扑和因果性的集大成著作。可以说，这方面的问题几乎已经被这部书穷尽了。实际上，自1973年问世之后，再也没有这个方面的著作能超越它。

彭罗斯和霍金的奇性定理表明，经典广义相对论不是一个完备的理论，它在奇点处崩溃了。为了得到自然的完备描述，必须将20世纪发现的另一个伟大的理论——量子论和相对论合并成量子引力。所以在和埃利斯合著的书出版后，霍金的研究就从经典相转向量子相。

1974年霍金在研究黑洞附近的量子场论效应时，发现了从黑洞的视界向无限远处辐射粒子，这种粒子的谱具有黑体辐射的形式。在最简单的史瓦西黑洞的情形，其温度和黑洞的质量成反比。黑洞辐射使黑洞损失质量，从而温度升高而辐射加速，黑洞最终以巨大的爆炸结束其生命。受黑洞面积定理的启示，普林斯顿大学的研究生贝肯斯坦曾经猜测，黑洞的熵应和视界的面积成比例。霍金的这篇论文证明了，在所谓的普朗克单位下，黑洞的熵恰好是它视界面积的四分之一。这个结果启发了后人发展出引力全息原理。

这篇在爱因斯坦之后最重要的引力物理的论文，寄到一家国际刊物后，居然在一年内毫无声息，后来被告知论文丢失。最后发表时标明的接收日期是按再次交稿时算，此前它早已被学术界广泛引证。这个杂志后来邀请霍金任顾问。

霍金从黑洞辐射场景很快意识到，黑洞辐射场景会导致所谓的信息悖论。无论由什么物质以何种配置坍缩形成黑洞，无毛定理都告诉我们，黑洞仅由总质量、角动量和电荷来表征。黑洞最后要蒸发并爆发消失，所以除了这几个参数，所有的信息都丢失了。信息悖论是理论物理学界40多年未彻底解决的重要问题之一。

1974年霍金被选为英国皇家学会会员。1977年他被任命为引力物理教授。这是剑桥为其量身订制的。那个时代，剑桥规定每一个研究组都只有一名教授，直到有了空缺才能递补，所以绝大多数剑桥人终身任讲师。但对天才可以暂设教授位置，这就是霍金的情形，两年后他被选为卢卡斯数学教授，引力物理教席也就自动取消了。

卢卡斯数学教授是科学史上最崇高的教席，因为牛顿和狄拉克都是他的前任。我有幸见证了霍金的就职仪式，他发表了题为"理论物理的终结可能在望吗？"的演讲。狄拉克生前多半时间在圣约翰学院埋首研究，很少到应用数学和理论物理系来，而霍金经典相时期和他的研究交集不多。后来狄拉克退休搬到佛罗里达并终老于彼，只有夏天回剑桥，有时会到系里，但我从来没有遇到过他。1975年他在梵蒂冈曾当面告诉霍金，是他推荐霍金获得庇护十一世奖章的。1984年狄拉克逝世后被埋葬在佛罗里达，但1995年伦敦西敏寺为他在牛顿墓旁安放纪念石，并邀请霍金在仪式上致辞。

1982年夏天，霍金和吉本斯在剑桥召开了极早期宇宙学的会议。这是在该领域影响最深远的会议。早在20世纪70年代，狄克等就指出在大爆炸宇宙模型中存在一些严重问题，如宇宙微波背景因果性问题、单极子问题，尤其是空间平性问题，后者体现了宇宙演化对初始条件的极度敏感性。固斯和林德等认为，如果在大爆炸相前宇宙以指数式膨胀，即存在一个暴胀相，那么这些问题就可以避免。不过，由于暴胀的机制或暴胀子不能从第一原理推出，所以不少人对这个场景抱迟疑态度，认为它只是一个唯象模型。但是，这次会议取得了一个重要的进展，那就是霍金等人提出，在暴胀背景下，经典无规性很快就被暴胀抹平，而量子场涨落应是宇宙结构，比如星系团和星系的籽。事实上，那也正是8年前霍金和吉本斯把对黑洞视界辐射推广到宇宙视界时研究过的量子涨落。10年后，宇宙背景探索者卫星探测到由这个涨落引起的微波背景温度在不同方向的差别。后来WMAP和普朗克卫星的观测更证实它和预言精确一致。

这次宇宙极早期的会议重新唤起了霍金对宇宙学，尤其是宇宙学中最重要的问题——宇宙创生的兴趣。他坚信这个问题应属于科学的王国。实际上，早在1981年，他就在梵蒂冈教廷科学院的一次会议上提出了宇宙的边界条件是它没有边界的设想。他认为没有什么边界条件比宇宙没有边界更美妙了。1983年他和哈特尔一起将这个思想用数学表述出来。在他的模型中，无边界设想意味着，宇宙一创生进入实时间就处于暴胀阶段，然后才进入大爆炸阶段。场的量子涨落在暴胀阶段处于基态。与此相比，在暴胀宇宙模型中，暴胀子和基态涨落都是人为设定的。基态的涨落可分解为标量和张量两部分，这些微扰的演化，标量部分可以与宇宙微波背景温度起伏做比较，而张量部分可望与太初引力波的谱做比较。

宇宙学最初的大爆炸模型并没有预见性，暴胀宇宙模型只具有半预见性，即相当广泛的，而非所有的初始条件会导致我们所观测的宇宙。无边界设想赋予宇宙学完全的预见性。事实上，宇宙的演化完全由科学定律所决定。这就彻底解决了从牛顿时代开始就困扰人类的第一推动问题。在无边界宇宙学的框架中可以研究宇宙的暴胀、结构、各向同性、旋转、维数、时间箭头、太初黑洞和太初引力波。

霍金在发展无边界宇宙学的同时萌生了写一部宇宙学和黑洞科普书的想法，这就是畅销至今的《时间简史》。霍金从一位科学天才成为大众明星，主要是因为这部书的出版。

他和简养育了三个孩子，罗伯特、露西和蒂莫西。1995年和简离婚，同年和伊莱恩·梅森结婚。2006年和伊莱恩平和分手。

他一生得到无数荣誉，也到过许多国家讲学。

他对中国有极大的好奇心，但他对中国的学术界很不了解。20世纪80年代,我建议他访问中国科技大学,并帮助联系。1985年他的第一次访华成行,在合肥和北京各做一次学术报告,游览了故宫和长城。

2002年和2006年,他应丘成桐的邀请访问杭州、北京和香港,游览了西湖、天坛、颐和园,再次登上长城。2002年的访华由伊莱恩陪同。我在杭州当他的翻译。2006年访华时伊莱恩没来。应他的要求,我全程陪同他。我用最简单的相机给他在天坛祈年殿前拍的照片,被他选用在自传《我的简史》中。他在世界各地旅行期间拍摄的照片何止万千!可以想见神秘的中国多么吸引他。

从我认识霍金直到他去世,39年是个漫长的时间。1979年,我受他邀请来到他的研究小组,在他指导下完成了博士论文,研究方向是极早期宇宙中的引力效应,包括相变泡碰撞的时空度规准确解,以及引力坍缩问题。1984年在我得到剑桥博士学位后,他继续指导我从事量子宇宙学的研究,我们合作的宇宙波函数第一个数值解发表于1985年。之后他推荐我到欧美游学。

1997年他得知我在梵蒂冈天文台访问,就邀请我在欧洲最好的季节复活节访问剑桥。我在他的办公室第一次见到他的第二任夫人伊莱恩。那次他对我表达了要访问中国的强烈愿望。但后来因为阴错阳差没有成功。

2004年他再次邀我来剑桥。2004年12月10日，我在他的办公室里问他，黑洞辐射和无边界宇宙这两个贡献中，他究竟认为哪项更为重要？他回答道，"别人认为黑洞辐射更重要，因为它已经被接受了，我却认为无边界设想更重要。"

2006年湖南科学技术出版社的朋友们和我应邀来剑桥看望他，他主动提出把所有的科普著作都交给湖南出版。他还单独请我到他的学院上席晚宴，喝咖啡，再到他家闲聊，直到深夜一点。他那回精神非常好。我们仔细讨论了将去北京开会的细节，我问他最喜欢中国哪个城市，他说我才去了这么少的地方。但他对合肥的印象最深。

2009年，我应他邀请又来剑桥时，他大病初愈。他在得知我们要离开时，立即从家里赶到办公室和我们话别。我们看到他满脸病容，心里既难过又感动。我们合影留念，但我们不忍心将照片公开。

2012年我应邀参加他的70岁生日庆祝会议，由于他身体衰弱，医生建议他不要露面。

2017年7月，我去剑桥参加庆祝霍金的75岁生日的学术

　　　　　　　　　　　译后记：吴忠超

会议。受霍金著作中文版责编孙桂均之托，我带去了霍金像双面绣，该绣品是长沙五位湘绣大师花7个月时间精心制作的。我将这幅栩栩如生的艺术品当面送给霍金，以感谢他对湖南科学技术出版社几十年的信任。应孙桂均的要求，我为这幅湘绣拟了两行字："黑洞辐射贯通引力量子信息，无边界律驱动宇宙无中生有。"

这两行字浓缩了霍金一生最重要的科学贡献。第一项研究追索什么才是更基本的，是时空，还是信息？这是本体论的问题。第二项研究宇宙何以创生，这是存在论的问题。他甚至说过，必须存在一套完备的统一理论，如果不存在的话，宇宙就消失了。

在参加剑桥和伦敦的追悼活动时，我曾经用文字将这些历史场景记录下来。他离去的时刻，使我极为真切地感到，"他为这个文明理解时空、宇宙和存在的推进，以及对人类道义和社会的普适关怀，在他逝去后将会逐渐展现出其深远的意义。"

我对霍金逝去的感受，完全符合他这部遗著《十问：霍金沉思录》的主旨。

两千三百多年前，楚国的屈原在《天问》的一开始就追寻宇宙本源问题，一千年后唐代的柳宗元的《天对》对此做了回应。在希腊，大约和屈原同时代，阿利斯塔克就已经提出日心说的雏形。16世纪哥白尼建立了完整的日心说宇宙体系。17世纪的伽利略用天文观测支持哥白尼学说，而开普勒发现了行星运动定律，还把宇宙的和谐视为终极真理。牛顿的学说将伽利略和开普勒的事业发扬光大。直至19世纪末，牛顿的时空观还一直被当作科学界的金科玉律，康德把他对牛顿时空观的迷惑表述为二律背反。直到大约一百年前的哈勃红移定律的发现，以及爱因斯坦广义相对论的提出，人们才大体得到今日之宇宙图像。所有这一切都是对亘古天问的回应。

霍金在本书回答的大问题正是当代的天问，是地球文明的思想家对人类和宇宙命运的叩问，是人和天的问对。它们是：上帝存在吗？一切如何开始？宇宙中存在其他智慧生命吗？我们能预测未来吗？黑洞中是什么？时间旅行可能吗？我们能在地球上存活吗？我们应去太空殖民吗？人工智能会不会超过我们？我们如何塑造未来？也许只有万物之灵的人类才能对宇宙存在等寻根究底，因为他们不甘满足于存活和繁衍，那只是动物的本能。同理，民族的形而上的发展表征其文明演化的程度。

宇宙无中生有地创生后，最美妙的事件是孕育了生命，以及生命的子集升华出意识，而其中最珍贵的子集能理解宇

　　　　　　　　　　　译后记：吴忠超

宙和自身。霍金，这个完全以思维为存在方式的生命，在立志以揭开宇宙的奥秘为终身使命后，从来没有抱怨过自己身受的病痛。这使人想起康德，他说自己的生活就是几道观念。霍金已经离开我们远去了，但他对人类命运的关怀和劝诫，都是我们面对这个世界的愚蠢和贪婪时的一剂安慰。

从1988年2月24日他给我来信，嘱托将《时间简史》译为中文，31年过去了。湖南科学技术出版社为出版霍金著作付出了大量的心力和智慧。霍金的这部遗著无疑是他毕生探索的结晶，是他留给人类的最宝贵的思想遗产。

在这部书的翻译过程中得到许多朋友，特别是夏阳友的慷慨帮助，志此致谢。

吴忠超

2019年1月，杭州望湖楼

Postface:
Revisiting Hawking in
Loving Memories
Guijun Sun

编后记：
此情只待成追忆
孙桂均

2018年3月14日，20世纪伟大的物理学家史蒂芬·霍金逝世，享年76岁。这一天开始，这个星球上无数的人以超越了种族、国家、宗教与信仰、文化与语言隔阂的崇敬与爱戴之情，缅怀和纪念这位科学巨人。这种超然的感情，惟霍金、爱因斯坦等为数不多的科学巨匠们才配拥有。他们是人类智慧的标杆，是人类探索自然、穿越时空、寻找真理、追求幸福，迈向自由王国的开拓者和引领者。3月15日一大早起，我的手机就一直响个不停，很多人打来电话，多家媒体就霍金突然去世要求采访。面对霍金去世的消息我几度哽咽无语，脑子一片空白，采访难以为继。我翻出与霍金在他剑桥大学办公室合影的照片来看，照片似乎变得有些模糊。我一时难以接受霍金就这么突然走了的事实。

2018年6月初，我收到来自另一半球参加霍金入葬仪式的邀请函，仪式将于6月15日在伦敦泰晤士河畔著名的西敏寺内举行。霍金的骨灰将被葬在牛顿墓和达尔文墓之间。在他安息处周围，还有法拉第，麦克斯韦，卢瑟福和狄拉克的墓或纪念石。但因种种原因我最终未能成行，实为憾事。

20世纪80年代，我走进湖南科学技术出版社，成为一名科技图书编辑，因种种机缘巧合，我这个普普通通的中国人，很荣幸与享誉世界的科学家、剑桥大学卢卡斯数学教授史蒂

编后记：孙桂均

芬·霍金结下了不解之缘。霍金的著作《时间简史（插图版）》《果壳中的宇宙》《时间简史（普及版）》《大设计》《我的简史》，还有这本即将面世的《十问：霍金沉思录》等，以及与他相关的绝大多数图书都是由我担任责任编辑，推荐给中国读者的。

2006年4月，我第一次在剑桥大学拜访霍金，6月，再次在北京见到他。自那以后，每当我翻阅霍金著作的书稿时，字里行间总是时不时闪现出一位瘫软在轮椅中的瘦弱老人的身影，而这些闪烁着人类智慧之光的书稿竟然出自这样一位虚弱老人之手，不能不令我对老人家肃然起敬。两次拜访霍金，他都十分艰难地露出笑容来欢迎我们，那是儿童般天真无邪的笑容，一如春天里明媚的阳光，让人暖暖地感动着。

第一次到剑桥大学拜访霍金时，我们与霍金达成了两个重要的心愿。一是霍金所有著作的简体中文版都将交由湖南科学技术出版社出版，至此，湖南科学技术出版社获得了出版霍金所有著作简体中文版的优势地位；二是由我提出的选题《中国读者致霍金教授的信》，霍金应允将挑选部分内容给予回复。

霍金于21岁时开始罹患肌肉萎缩性（脊椎）侧索硬化症，

不久以后他便被禁锢在轮椅上，有医生预言他只能活几年了。然而，霍金却以乐观豁达的人生态度和顽强毅力，在他的轮椅上扩展了人类认知宇宙时空的科学大门。他一年又一年顽强地活着，和我们一道走过20世纪后半叶，又走进21世纪。他如此顽强的生命力，让他的亲朋好友都为他高兴，不再担忧他生命的脆弱。我也相信，霍金能一直走向未来。2017年，他还曾预言2600年地球将面临终结的可能，之前他还告诫人们要注意控制和规范人工智能的运用。然而，他终究离去，而《中国读者致霍金教授的信》却未能成书出版，成为我此生一大憾事。

《十问：霍金沉思录》是霍金最后的遗作，本书就人们普遍关心的宇宙时空的起源、历史、未来，有没有上帝（大神）存在，人类的过去与未来，地球、太阳、银河系的命运、走向与归宿等相关的10个最基本的重大问题做出了科学的解答与判断。巧合的是，《中国读者致霍金教授的信》选题构架设想中的某些问题与《十问：霍金沉思录》的问题和内容相同或相近。因此，本书也可以视为是一本《中国读者致霍金教授的信》，而实际上，它也就是一本霍金致全球粉丝与读者的回答。本书凝聚了霍金一生的科学探索成果和思想。

13年前我首次拜访霍金时，在他办公桌边的一个乐谱架

　　　　　　　　　　　　编后记：孙桂均

上，我看到一行英文字："I am the center of the universe." 以我当时对霍金科学成果的粗浅理解与认知，我将这句话理解为——"我在宇宙的中心。"我曾在另一篇关于霍金的文章中这样描述："我默默地注视着轮椅中这位虚弱的老人，想象他拿着开启宇宙大门的钥匙，穿过无数迷宫般的房间，在上帝那到处都是交叉小径的后花园里遛达时，正好碰到上帝也出来散步，于是他迎上去说：'嗨，我在宇宙的中心！'上帝吃惊地看着这位来自人间的勇敢闯入者。"

几年以后，我开始慢慢理解霍金两项最重要的科学贡献——黑洞辐射和无边界宇宙设想，才逐渐体会到霍金心中的那份骄傲与万丈豪情，乐谱架上的那行英文字的意思应该是——"我是宇宙的中心！"在经典物理的框架中，他证明了宇宙起始于无限密集的奇点。在量子物理的框架中，宇宙是无中生有地创生，时间和空间也随之出现，宇宙像吹起的气球一样膨胀。

霍金不但是一位伟大的科学家，也是一位具有博大情怀、爱心与责任心的思想家和哲学家。

他说——

我在这个星球上过着一种非凡的生活，我利用奇思异想和物理定律穿越宇宙。我到过银河系最远处，旅行进入过黑洞，还返回到时间的起始。在这个地球上，我经历了高潮和低谷、动荡与安宁、成功和痛苦。我遭遇贫穷，享受富裕，曾经矫健，又身患残疾。我既受到赞扬，也受到批评，但从未被忽视过。我很荣幸能够为人类对宇宙的理解做出贡献。但如果宇宙中不存在我所爱且爱我的人，那的确会是一个空虚的宇宙。没有他们，它的一切奇迹都对我毫无意义。

有朝一日，我希望我们能够知道所有这些问题的答案。但还有其他挑战，必须回答地球上的其他重大问题：我们将如何养活不断增长的人口？如何提供干净的水、产生可再生能源、防止并治愈疾病、减缓全球气候变化？我希望科学技术能够回答这些问题，但需要人，有知识和理解的人，去实施这些解决方案。让我们为每个女人和男人奋斗，为了让他们都能过上健康、安全，并充满了机会和爱的生活。我们都是时间旅行者，让我们一起踏入未来。让我们共同努力，使这个未来成为我们想去访问的地方。

2019年1月12日，我收到霍金女儿露西寄来的圣诞（新年）贺卡。看着贺卡上霍金头像的纪念邮票，我抬头望向铅灰色的天空，默默无言。

编后记：孙桂均

3月14日，是霍金逝世一周年纪念日，在这个时间前后，我们将《十问：霍金沉思录》付梓出版，以飨国内广大霍金迷和读者，共同缅怀这位高尚而纯粹的智者。

孙桂均

2019年2月6日于长沙

Acknowledgements   致谢

感谢基普·S.索恩、埃迪·雷德梅恩、保罗·戴维斯、赛斯·肖斯塔克、史蒂芬妮·雪莉夫人、汤姆·纳巴罗、马丁·里斯、马尔科姆·佩里、保罗·谢拉德、罗伯特·柯比、尼克·戴维斯、凯特·克雷吉、克里斯·西姆斯、道格·艾布拉姆斯、詹妮弗·赫尔希、安妮·斯佩尔、安西娅·贝恩、乔纳森·伍德、伊丽莎白·弗雷斯特、尤里·米尔纳、托马斯·赫托格、马化腾、本·鲍伊和费·道克帮助编写本书。

史蒂芬·霍金因其在职业生涯中科学和创造性的合作而闻名，从与突破性科学论文的同事合作，到与诸如《辛普森一家》的团队剧作家合作。在他晚年，史蒂芬需要从他周围的人那里得到越来越多的支持，无论是在技术上，还是在协助交流上，都是如此。

遗产机构感谢所有帮助史蒂芬继续与世界沟通的人们。

Index

索引

（索引的词条和页码根据原著翻译，部分词条仅在文中谈及，并未出现，为方便阅读，仍予以保留。）

图书在版编目（CIP）数据

十问: 霍金沉思录 /（英）史蒂芬·霍金著; 吴忠超译. —长沙: 湖南科学技术出版社,
2019.3
ISBN 978-7-5357-9694-3

Ⅰ.①十… Ⅱ.①史… ②吴… Ⅲ.①未来学－普及读物 Ⅳ.① G303-49

中国版本图书馆 CIP 数据核字（2019）第 024436 号

Copyright © The Estate of Stephen Hawking 2018
湖南科学技术出版社独家获得本书简体中文版中国大陆出版发行权

著作权合同登记号: 18-2019-010

SHIWEN: HUOJIN CHENSILU
十问：霍金沉思录

著者 [英] 史蒂芬·霍金	**印刷** 长沙超峰印刷有限公司 （印装质量问题请直接与本厂联系）
译者 吴忠超	**厂址** 长沙市金洲新区泉洲北路 100 号
责任编辑 孙桂均 吴炜 李蓓 杨波	**版次** 2019 年 3 月第 1 版
装帧设计 邵年	**印次** 2019 年 3 月第 1 次印刷
出版发行 湖南科学技术出版社	**开本** 850mm × 1168mm 1/32
社址 长沙市湘雅路 276 号 www.hnstp.com	**印张** 7.75
湖南科学技术出版社 天猫旗舰店网址： http://hnkjcbs.tmall.com	**字数** 141000
	书号 978-7-5357-9694-3
邮购联系 本社直销科 0731-84375808	**定价** 68.00 元